MÉMOIRES

CONCERNANT

DIVERSES QUESTIONS

D'ASTRONOMIE

ET DE

PHYSIQUE.

Lûs & communiqués à l'Académie Royale
des Sciences, &c.

Par M. LE MONNIER, de la même Académie.

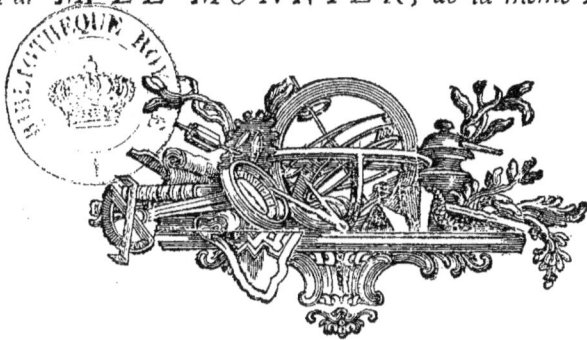

A PARIS,
DE L'IMPRIMERIE ROYALE.

M. DCCLXXXI. 18 juin.

INTRODUCTION.

ON se propose ici diverses Questions qui n'ont jamais été résolues, mais que l'Europe éclairée doit avoir actuellement sous les yeux , & dont nous pouvons enfin espérer la solution à la suite des travaux réitérés , tant des Observateurs que des Physiciens du premier ordre. Une des plus belles recherches à laquelle les Mathématiciens se soient appliqués jusqu'ici, a été la connoissance de notre atmosphère , & même de celles de la Lune & des Planètes, sans en excepter l'atmosphère du Soleil : on ne s'est pas proposé néanmoins dans les Mémoires suivans d'embrasser tant d'objets à la fois , on a desiré seulement pouvoir approfondir, en présentant des faits décisifs & des expériences bien constatées, la nature des principales de ces questions. On a commencé par celles qui nous affectent le plus vivement , & qui semblent par-là mériter , quant à notre situation, quelque préférence: le hasard, joint à d'autres circonstances essentielles , ne manquera jamais de nous procurer successivement les notions nécessaires pour guider les Physiciens dans ce genre pénible de recherches ; mais il faut avouer aussi , qu'en multipliant les Observateurs dans les différentes parties du monde , l'accroissement & le progrès de nos connoissances ne peuvent manquer d'accé- lérer la solution vers laquelle nous devons tendre , quand même cette solution fort approchée ne seroit pas absolument complète. Sans les longs Voyages de nos Académiciens au Nord & au Pérou, entrepris il y a plus de quarante ans, nous ferions peut-être encore bien éloignés de connoître la nature de notre atmofphère & la réfraction, ainfi que les variations de la foutangente logarithmique, relative aux échelles du Baromètre : nous ignorerions peut-être encore, qu'à même degré de chaleur, la denfité de l'air entre les tropiques n'eft plus la même comme aux Zones fituées en deçà du Cercle polaire ; ni la denfité dans celle - ci, comme aux temps des grands froids au-delà du Cercle polaire : cela doit s'étendre auffi aux longues abfences du Soleil, lorfque cet Aftre n'y fauroit plus monter fur l'horizon à l'heure de midi. J'ajouterai encore que les Voyages de Cayenne & du Pérou nous avoient déjà inftruit fur l'état de nos Réfractions aftronomiques, que Mayer, & d'autres, ont voulu repréfenter en vain par une feule & unique formule pour tous les climats. Rien n'a tant retardé le progrès de l'Aftronomie que les valeurs arbitraires attribuées aux réfractions céleftes ; & , fans parler des nœuds ni de l'inclinaifon des orbites des Planètes à l'égard du plan de l'Écliptique, on conviendra, ce me femble, que l'état de ce plan même de l'Écliptique, relativement à notre Équateur terreftre, n'eft pas encore fuffifamment connu. J'en vais faire ici les détails le plus fuccinctement qu'il me fera poffible.

En 1672 & 1673, Richer, en l'ifle Cayenne, vérifia fon octant de fix pieds de rayon, relativement au plan du Méridien, comme auffi le parallélifme de fa lunette vis-àvis les premiers points de sa division, par les Étoiles qui passoient à son Zénith ; & il a été décidé, par le résultat de ses Observations corrigées, que la moyenne obliquité de l'Écliptique a dû être pour lors de $23^d\ 28'\ 40''$. Les hauteurs de l'Étoile polaire nous ont appris pareillement, que les réfractions étoient en ce climat beaucoup plus petites qu'en France ; & les diverses théories, ébauchées pour lors sur les réfractions, ne pouvoient, à de si grandes hauteurs du Soleil, nous égarer que de quelques secondes dans la recherche de l'obliquité de l'Écliptique. Tel étoit l'avantage des régions proche l'Équateur : il eût peut-être mieux valu dès-lors qu'on y eût recherché les Réfractions horizontales & vérifié les divisions du secteur. Enfin on observera que ce fût, non sur un arc de 47 degrés, mais par des arcs bien moindres & peu différens, tels que 19 & 28 degrés, qu'on a conclu l'obliquité de l'Écliptique. Or on s'est trouvé encore plus avantageusement situé sous la Ligne équinoxiale, lorsqu'on observa les deux solstices au Pérou sur l'arc unique d'un secteur de 12 pieds, qui étoit dans les deux cas le même, savoir de 23 degrés $\frac{1}{2}$. On doit se rappeler que j'ai averti, il y a près de dix ans, que l'obliquité moyenne, déduite des Observations faites au Pérou, étoit alors de $23^d\ 28'\ 39''$.

Soit nommé n l'arc de l'obliquité de l'Écliptique observé, il est visible qu'on doit trouver ici, d'un solstice à l'autre, $2\,n \pm q$, la quantité q étant admise pour l'inégalité des deux arcs, sur lesquels on observe en Europe, tant au-dessus qu'au-dessous de l'Équateur, & qu'ainsi la moitié

de cette dernière valeur énoncée, entraîne avec foi une
erreur qu'on évite entre les tropiques : mais outre cette
erreur, on rifque encore dans nos climats l'inégalité des
réfractions ; laquelle, au folftice d'hiver, devient inévitable,
& d'autant plus variable, qu'en certaines années les vents
du Sud dominent au folftice d'hiver ; & qu'à d'autres fois,
les vents de Nord & du Nord - eft venant à fe fixer, les
réfractions s'en trouvent d'autant plus grandes. Il n'eft
donc pas étonnant qu'on ait conclu en Europe, faute d'y
avoir eu égard, ainfi qu'à l'erreur des divifions, l'obliquité
de l'Écliptique, fi variable quant à fa quantité abfolue : on
n'a jamais rendu compte comme au Pérou, de l'erreur
des divifions de l'arc *n,* ni de la quantité $\pm q$.

A l'égard de la diminution de l'obliquité de l'Écliptique,
comme il ne fe trouve aucune différence entre les Obfervations faites à Cayenne, & foixante - cinq ans après dans
le Pérou, fur la quantité moyenne de cette obliquité, il
feroit fort extraordinaire d'admettre depuis l'année 1737,
c'eft-à-dire en quarante-trois ans, une diminution de 40
fecondes, puifque l'hypothèfe du Chevalier de Louville,
qui fans de meilleures preuves ne pouvoit jamais être
adoptée, donneroit feulement 25 à 26 fecondes.

Ce feroit ici le cas de demander comment le Chevalier
de Louville, auteur de ce fyftème, a-t-il vérifié les divifions d'un auffi petit quart-de-cercle que le fien, lorfqu'il
a voulu établir, il y a foixante ans, l'obliquité de 23ᵈ 28′
20″! & pareillement quel compte a-t-on rendu à Gottingue
de l'alidade, indépendamment des divifions du quart-de-

cercle qu'on y a employé! doit-on en excepter ceux que Jean Bird a vérifiés par la biffection, fi l'alidade eft défectueufe! en un mot quelles réfractions a-t-on employées à Greenwich & en ce lieu-là, lorfque, fur la foi d'un fimple Artifte, on prétend que l'obliquité a été, à 2 fecondes près, obfervée la même; quoiqu'on fache qu'en hiver ces réfractions ne font pas également variables de l'humide à la féchereffe, fous un même parallèle, dès qu'on s'y trouve fur tout autre fol.

J'ignore abfolument pourquoi à 10 degrés de hauteur apparente, on n'a pas jufqu'ici employé généralement en France, comme à Londres, la réfraction de 5′ 15″, quoiqu'il eût été prouvé qu'elle devoit être de 5′ 15″ à la *page XXIX* de l'Hiftoire Célefte, favoir relativement à la température des caves de l'Obfervatoire, & le Baromètre marquant 27$^{pouc.}$ 9$^{lig.}$: mais j'aurois bien voulu vérifier, s'il m'avoit été poffible, fi à la hauteur du Soleil, pour l'inftant du Midi au folftice d'hiver, la réfraction qui convient à cette hauteur de 18 degrés, étoit en effet, comme je l'ai conclu pour lors, de 3′ 10″, relativement à la moyenne température, ou 10 degrés du Thermomètre de Réaumur. Tant qu'on n'emploîra pas à cette recherche les plus grands quarts-de-cercle ni les mieux vérifiés, il ne fera pas poffible d'entrer dans les détails néceffaires pour en déduire l'obliquité de l'Écliptique abfolue. Cependant la théorie générale des réfractions doit également nous y conduire, fi l'on connoît très-bien celle qui répond à 10 degrés de hauteur.

J'ai fait voir en 1773, dans le quatrième Cahier des Obfervations de la Lune, communiqué à l'Académie des Sciences, ainfi qu'au Dépôt de la Marine, tous les détails des hauteurs de γ & δ de *Caffiopée*, obfervées aux environs de 18 degrés au Nord, à l'heure de leur paffage au Méridien fous le Pôle.

Une alidade plus parfaite que celles dont on fe fert à nos quarts-de-cercle muraux, & appliquée à un demi-cercle de 5 pieds de rayon, décideroit peut-être encore plus exactement la quantité abfolue de ces réfractions moyennes: M. Bernoulli l'admet à 10 degrés, de 5′ 28″ dans fa Table, *page 222* de l'Hydrodinamique: or à la hauteur de 18 degrés, on auroit par la même Table, 3′ 10″ à 12″; d'où il s'enfuit que la théorie de ce célèbre Auteur indiqueroit, par fa formule, ou par une autre nouvelle Table des réfractions, celle qui conviendroit à nos folftices d'hiver (pour la moyenne température de 10 degrés au thermomètre, &c.) tant foit peu plus petite que 3′ 10″, trouvées jufqu'ici par les Obfervations que j'en ai publiées.

* HISTOIRE ABRÉGÉE

Du progrès des découvertes relatives à la pesanteur de l'air, avec des réflexions sur la pente des rivières & sur celle de la Seine, depuis Paris jusqu'à Rouen.

LA Philosophie moderne doit à Galilée la naissance de la Physique expérimentale, les Loix de la chute des corps & même les premières notions sur la pesanteur de l'air. Son disciple Toricelli inventa bientôt après le Baromètre, dans lequel le mercure, quatorze fois plus pesant que l'eau, n'est en équilibre avec le poids de l'air qu'à l'aide d'une colonne d'environ 28 pouces; cette colonne de mercure paroissoit alors en équilibre, ou ce qui revient au même, elle contre-balançoit une colonne d'eau d'environ 32 pieds. En effet, ce dernier fluide, selon diverses expériences réitérées, avoit paru s'élever jusqu'à ce terme, sans avoir jamais pu monter plus haut dans les pompes aspirantes : en vain dans ces mêmes pompes y faisoit-on élever davantage les pistons, l'eau qui d'abord ne manquoit pas de les suivre, n'a jamais su parvenir à plus de hauteur qu'à celle qui étoit en équilibre avec le poids de l'air, savoir à 31 ou 32 pieds dans les régions basses & maritimes de l'italie.

Tout ceci fut exécuté & doit s'entendre relativement au pied des montagnes, & en général à peu de distance des bords de la mer; & on ignoroit encore en ces temps-là, ce qui devoit se passer dans des plaines plus élevées ou bien sur le sommet des montagnes.

Après Galilée, ce fut en France que guidés par l'expérience

---

* Lûe à l'Assemblée publique du Collège Royal, le 13 Novembre 1780.

a

& par la réflexion, on vit bientôt que fur le fommet des montagnes, l'eau s'éleveroit bien moins dans ces mêmes pompes, comme auffi la colonne de mercure dans les Baromètres.

Ainfi la pefanteur de l'air fut dès-lors mieux conftatée, étant appuyée fur de nouvelles découvertes & fur des preuves plus convaincantes : ce fut Pafchal qui nous dévoila ces faits fi curieux & fi intéreffans, d'abord par des expériences faites à Paris, & enfuite par d'autres réitérées & décifives faites à Clermont en Auvergne & fur le Puy-de-Domme, à 500 toifes de hauteur au-deffus de ce fol, déjà fort élevé à l'égard de Paris. Jufqu'alors ces nouveaux phénomènes étoient généralement inconnus, & paroiffoient d'autant plus extraordinaires, qu'on n'avoit alors dans les Écoles de Phyfique, nulle idée fur les inégalités de la pefanteur de l'air ; on fe refufoit à admettre qu'elle devoit varier à mefure que nous nous élevons dans l'atmofphère, ou bien à mefure que nous defcendons du haut des montagnes : fur ces articles intéreffans, nous pouvons renvoyer à la collection générale des Ouvrages de Pafchal, publiée tout récemment par M. l'abbé Boffut.

Mais il eft néceffaire d'avertir ici qu'on doit rapporter à ces temps-là la première époque des moyens employés depuis l'année 1648, avec des variétés, nous l'avouerons, dans leur fuccès, pour mefurer la hauteur des montagnes à l'aide du Baromètre ; dans la fuite les célèbres Phyficiens, Mariotte & Roger Cotes, ont à cette occafion, démontré très-clairement que les condenfations ou dilatations de l'air, à mefure qu'on s'élève au-deffus de la furface de la mer, étoient proportionnelles aux poids des colonnes de ce fluide qui le compriment : c'eft de cette théorie que naquit enfin cette fameufe règle fi fimple, d'opérer en pareil cas & d'abréger fingulièrement le travail à l'aide des logarithmes.

Si l'on exige ici que la chose soit expliquée plus en détail & avec plus de clarté, il nous faut rappeler au moins très-succinctement, qu'on fit d'abord attention au concours devenu nécessaire dans tous les cas de deux progressions, l'une géométrique & l'autre arithmétique; celle-là d'abord indiquée par les changemens très-fréquens & inévitables aux poids des colonnes de l'atmosphère, & celle-ci représentée aux mêmes instans par l'échelle ordinaire des Baromètres; que cette dernière divisée en pouces & lignes, &c. fournit continuellement les termes de la progression arithmétique, qu'elle accompagne toujours ceux de la progression géométrique, laquelle comme on vient de le dire, est relative soit aux dilatations soit aux condensations de l'air; que des travaux continuels en ce genre & suivis sans relâche au Pérou, dans les Alpes & dans les Pyrénées en dernier lieu par M. d'Arcet, tant au pied que sur le haut des montagnes, nous ont enfin dévoilé irrévocablement, que les progressions arithmétiques indiquées par les pouces & lignes, &c. du Baromètre, devoient enfin s'accorder à un module constant d'une certaine loi de progression, ou bien si l'on veut à celle qui est le plus en usage & adoptée pour nos logarithmes ordinaires; qu'enfin, à l'exception d'un seul & unique cas, où ces progressions s'accordent à ce que nous en desirons, il y avoit un moyen fort simple dans tous les autres cas de les y rappeler, c'est-à-dire, selon les diverses circonstances relatives aux effets de la chaleur. Ceci a été proposé il y a environ quinze ans à Genève par M. du Luc, & il a donné par-là plus d'extension à la règle proposée, & qui avoit réussi à feu M. Bouguer.

L'extrême facilité de ce nouveau genre de calcul, & qui abrège si fort le travail dans la recherche des hauteurs des montagnes, a donc été rappelée à notre secours, d'abord au Pérou, comme je l'ai dit, & en ces derniers temps en Europe, lorfqu'au lieu des nivellemens fi longs & fi difpendieux, on n'a employé à leur défaut que les hauteurs de la colonne de mercure dans le Baromètre ; pour cet effet, il nous fuffit feulement de placer alternativement les Baromètres dans les parties les plus baffes & les plus élevées, en forte que pour mefurer la hauteur d'une montagne, on n'a d'obfervations à faire uniquement qu'à deux ftations, favoir au pied & au fommet de la hauteur qu'on fe propofe de reconnoître.

On doit remarquer ici, que la colonne de mercure ne repréfente pas uniquement le poids de la colonne d'air, qui preffe au-deffus du réfervoir inférieur du Baromètre, comme l'a fuppofé M. du Luc, contre les principes établis dans l'hydrodynamique de M. Daniel Bernoulli, mais feulement une quatrième proportionnelle ; car on doit confidérer qu'en général le poids de la colonne d'air, fur une région plus ou moins étendue, eft le quatrième terme de la proportion, dont les premiers termes font cenfés connus, favoir la furface de la terre & le poids général de toute l'atmofphère fur cette même furface terreftre : ainfi la preffion de l'air fur la furface du mercure au Baromètre, n'étant que le quatrième terme de la proportion, cela doit nous raffurer fur l'opération ufitée de mefurer les hauteurs d'une montagne à l'aide du Baromètre.

Revenons préfentement à ce qui a été dit ci-deffus, favoir que depuis l'expérience faite en Auvergne au Puy-de-Domme, la méthode de mefurer la hauteur des montagnes à l'aide du Baromètre, avoit fubi de grandes variétés ; c'eft-à-dire, que pendant plus d'un fiècle, les tentatives en ont fouvent été infructueufes, les opérations trop compliquées, en un mot, dénuées abfolument d'une marche fixe & invariable. On voit affez, d'après ce récit, que dans le cours des opérations pour mefurer

la hauteur des montagnes, les mesures en pouces, &c. ainsi
que les calculs ordinaires, s'y trouvoient en défaut, uniquement par l'effet de diverses causes physiques : à la vérité,
celles-ci paroissoient agir très-foiblement, en sorte qu'on n'y a
donné d'abord qu'une légère attention. Devenues cependant
inévitables, & leur accroissement ayant paru quelquefois trop
sensible aux stations qu'on a parcourrues à travers diverses
régions de l'atmosphère, lorsqu'il a fallu mesurer les plus hautes
montagnes, on s'est aperçu bientôt des erreurs considérables
qu'elles pouvoient produire : peut-être l'a-t-on mieux remarqué
depuis qu'on a perfectionné les divisions du pouce jusqu'aux
centièmes, &c. comme aussi à certaines fois, lorsque la plus
grande partie de ces causes physiques secondaires, concou-
roient toutes à la fois à augmenter la masse des erreurs.

C'est pourquoi la règle générale & si simple, dont nous
avons parlé jusqu'ici, s'étant trouvée presque continuellement
en défaut, il a fallu y réunir & rappeler à la pratique, les
connoissances acquises d'ailleurs, tant sur la dilatation des
métaux, que sur celle du mercure & de l'air que nous res-
pirons, pour remédier à ces désordres.

Tel est le nœud principal des difficultés d'où naissoient
les grands obstacles que nos prédécesseurs ont rencontrés dans
l'exécution des méthodes générales, lorsqu'il a été question
d'en faire quelqu'application utile. Il n'a pas fallu seulement
y réfléchir à diverses fois; mais il n'y a eu que le long espace
du temps & la saine Physique, jointe à des expériences pénibles
& bien des fois réitérées, qui aient fait vaincre successivement
ces mêmes obstacles.

Deux phénomènes singuliers, & bien avérés par le célèbre
Géomètre & Astronome Picard, autrefois Professeur dans la
chaire de Ramus, ont servi de guides dans toute l'étendue

de ces recherches; tant il eſt vrai que la préciſion géométrique, réunie avec une connoiſſance toute particulière des
arts dans cette Capitale du royaume, procurèrent à cet excel-
lent Géomètre & Praticien, un Baromètre ſupérieur aux
autres de ces temps-là. On ne ſauroit nier que ces circonſtances
étoient devenues néceſſaires pour nous éclairer dans les recherches les plus ſubtiles & les plus délicates, ainſi que nous
l'allons expoſer. Notre Aſtronome occupé, comme il le ſut
d'abord, à la meſure d'un Degré terreſtre, remarqua bientôt la
dilatation des métaux par l'effet de la chaleur; or il s'enſuivoit
de-là néceſſairement, que tout fluide, & ſur-tout le mercure,
devoit y être aſſujetti : cela s'étend, comme l'on voit, juſqu'à
la colonne de mercure contenue dans le Baromètre, laquelle
ne ſauroit manquer d'en être affectée ſenſiblement. Il découvrit
encore, en tranſportant ſon Baromètre de l'Obſervatoire à la
porte Saint-Michel, immédiatement après le déclin du jour,
que le mercure jetoit de la lumière dans l'obſcurité de la nuit;
ce qui ne devoit pas être tout-à-fait regardé, ainſi que l'a prétendu Jean Bernoulli, comme un pur effet du haſard. On ſe
rappellera que le fameux Bernoulli en attribue lui-même le
ſuccès à l'art de faire évanouir une pellicule, que le contact
de l'air qui s'échappe du mercure forme bientôt au haut de
la colonne ou ſurface de ce vif-argent. Ainſi le défaut de lumière, attribué pour lors aux autres Baromètres, étant cauſé
par cette pellicule, il s'enſuit que celui de la porte Saint-
Michel étoit mieux purgé d'air que les Baromètres des autres
Phyſiciens de ces temps-là.

Dès-lors on donna quelqu'attention à ce dernier article : on
ne ſe contentoit pas ſeulement de rendre les Baromètres lumineux, mais on s'appliqua ſur toutes choſes à les bien purger
d'air, en y faiſant bouillir le mercure pur ou revivifié du

cinabre. Dans les autres Baromètres, il s'y trouve toujours un peu d'air, fans qu'il foit néanmoins poſſible de l'apercevoir, même à l'aide de la loupe ; car cet air s'y dégage infenſiblement dans les chaleurs ou fi l'on en veut faire uſage fous la zone torride & c'eſt ce qui les rend abſolument défectueux. J'infifterai d'autant plus fur les Baromètres où l'on a eu foin de faire bouillir le mercure, parce que l'évènement a bientôt montré, non d'abord fans quelque furpriſe de la part des Phyſiciens, que ces Baromètres montoient plus haut, fur-tout en été, que les meilleurs d'entre les autres Baromètres : dans ceux-ci, le mercure n'ayant pas bouilli dans leurs tubes, ils étoient néanmoins, felon l'opinion vulgaire, cenſés bien purgés d'air, à cauſe des précautions fingulières qu'on y avoit priſes.

Or la difficulté d'acquérir au commencement de ce ſiècle, de pareils inſtrumens purgés d'air, fit naître fans doute l'opinion de ceux qui nioient la dilatation fenſible du mercure dans les Baromètres ; le peu d'air contenu dans le prétendu vide, du haut de leur tube, ce peu d'air, dis-je, fe dilatoit aux moindres degrés de chaleur, & fur-tout lorſqu'on les expoſoit aux rayons du foleil ; d'où il s'enſuit que cet air dilaté, repouſſoit la colonne de mercure, celle-ci tendant à s'élever par l'effet de la même chaleur. On a donc cherché en vain, en pareils cas, l'examen de la choſe, dans les rapports que l'on fit du peu de dilatation du mercure, qu'on avoit tort de regarder comme négligeable & preſque infenſible.

Cependant le fameux Boërhaave, en Hollande, étoit parvenu à prouver dans fa Chimie, que depuis un froid artificiel occaſionné par le mélange du fel ammoniac avec la glace pilée, ou ce qui revient au même, que depuis le 0^d du Thermomètre de Fareinheit, juſqu'au terme de l'eau bouillante, la dilatation du mercure étoit fenſible à $\frac{1}{52}$ partie de fon volume.

Pareillement à Genève, il a été conftaté par d'autres obfervations faites aux différens états de l'air que nous refpirons,
que depuis le terme de la glace jufqu'à l'eau bouillante, le
mercure dans le Baromètre, s'il y éprouvoit proportionnelle-
ment la même dilatation qu'aux premiers degrés de chaleur,
s'y dilateroit d'environ 6 lignes ou de la $\frac{1}{54}$ partie de fon
volume. Tout ceci fuppofe, comme nous le dirons bientôt, que
la loi de progreffion relative aux différens degrés de chaud ou
de froid, n'étoit pas encore reconnue, puifqu'on a conclu les
6 lignes de dilatation au mercure du Baromètre, proportion-
nellement à ce qui en avoit été obfervé dans une variation de
chaleur trois fois moindre; en un mot, lorfque l'air de la
chambre où les expériences en avoient été faites, n'avoit pu
s'échauffer que depuis le terme de la congélation jufqu'à 32
ou 30 degrés du Thermomètre de Réaumur.

On doit donc être averti de cette circonftance effentielle,
au cas qu'on fe propofât d'opérer avec le Baromètre au défaut
d'un long nivellement, dans les chaleurs de la canicule &
fucceffivement dans les temps les plus froids. Or, après ce
qui vient d'être expofé concernant la dilatation du mercure,
les mêmes propofitions touchant de femblables loix de pro-
greffions, qui nous reftent en partie à connoître par la voie
de l'experience, peuvent très-bien s'appliquer à la dilatation
de l'air. On a fenti tout-à-coup qu'il feroit en effet ridicule de
prétendre que l'échelle arbitraire de nos Thermomètres, fuffifoit pour nous repréfenter, dans tous les cas, la partie proportionnelle qui convient à la dilatation de l'air ; qu'ainfi
dix degrés de froid ne répondent plus à une égale & femblable dilatation de l'air, comme dix autres degrés fur le
même Thermomètre; fur-tout s'il eft vrai que ces derniers,
dans les chaleurs exceffives, ne pouvoient plus y correfpondre

par

par l'effet d'un air très-dilaté : c'eſt ce que le Colonel Roy, en Angleterre, vient de reconnoître tout récemment, & non fans bien des eſſais, fuite ordinaire d'un très-long travail ; en forte que pour fe fervir déſormais avec plus de fuccès des Baromètres, foit pour des voyages de long cours aux zones torrides ou glaciales, foit pour les nivellemens dans nos climats, il y aura bien plus de précautions à prendre qu'on n'en admettoit jufqu'ici dans les principes de nos Phyſiciens modernes. J'avoue que la choſe peut très-bien fe fimplifier dans les belles faiſons aux zones tempérées, comme il eſt arrivé, par exemple, à Genève, où M. le chevalier Shuckbourg, Anglois, a répété en 1776 avec tant de foin, les expériences du Baromètre qu'on y avoit déjà ébauchées, ainfi qu'au Mont-Salève qui n'en eſt pas bien éloigné ni fort élevé, relativement aux Alpes ou au Mont-Blanc, qu'on y croit inacceſſible à cauſe des neiges ; autrement les formules de M. du Luc s'y feroient trouvées encore plus en défaut, tant le froid eſt rigoureux fur le Mont-Blanc, l'une des plus hautes montagnes de l'ancien Monde.

Au reſte, il feroit fuperflu de dire ici que le terme de l'eau bouillante n'eſt pas tout-à-fait conſtant, ainfi que Boërhaave en a averti d'après Fareinheit ; fi ce n'eſt qu'on ne doit plus ignorer que nos Phyſiciens modernes ont conſtruit une Table d'équation pour le terme de l'eau bouillante, relative à chaque pouce & demi-pouce de variation dans les Baromètres, ou dans le poids de l'atmoſphère qui n'eſt pas toujours le même.

Il ne faut pas néanmoins attribuer à l'inobſervation des loix de progreſſion dont on vient de parler, le peu de hauteur à l'égard de la mer qu'ont paru avoir ici les moyennes eaux de la Seine, relativement à ce que M. Shuckbourg a trouvé à Calais & à Boulogne à fon retour des Alpes. La mer peut très-bien être plus élevée en ces lieux-là qu'elle ne l'eſt à l'embouchure de la Seine, à caufe des deux marées qui s'y combattent : l'une venant du Nord vers Calais, & l'autre y remontant de la partie du Sud. Nous ne déciderons pas abfolument ici s'il eft vrai que cette partie de la Manche n'eft abaiffée que d'environ 5 toifes, à l'égard des moyennes eaux de la Seine au pont Royal. Le Baromètre de M. Shuckbourg, qui eft très-exact, lui a fait foupçonner dans une autre occafion, quelques toifes de plus; outre que les 5 toifes alléguées repréfentent une différence, qui m'a paru quatre fois moindre que le célèbre Picard ne l'avoit autrefois conclue dans la relation de fon voyage en Danemarck, favoir eu égard à nos côtes de l'Océan.

J'aurois dû, avant que d'infifter fi long-temps fur la dilatation de l'air & fur celle du mercure, produire ici les divers fuccès des Phyficiens modernes, dans la recherche de la hauteur des montagnes en y employant le Baromètre; mais il étoit bien néceffaire d'entrer d'abord dans une digreffion auffi importante que celle dont nous venons de fortir. Or dans la chaîne des montagnes de la Cordelière du Pérou, là où l'air paroît foir & matin garder une température moyenne & conftante, M. Bouguer ne trouva prefque aucune difficulté à employer les logarithmes des hauteurs indiquées fucceffivement par pieds, pouces & lignes, &c. fur fon Baromètre. Il n'admit donc aucunes des deux corrections introduites vingt ans après par M. du Luc, & relatives à la différence prefque infenfible au Pérou de la température de l'air. Il lui fut donc aifé d'en déduire les hauteurs des différentes ftations ou parties de quelques montagnes par ces moyens fi fimples, lui qui étoit à portée de les vérifier géométriquement par d'autres obfervations plus longues, plus difpendieufes, mais alors plus décifives. L'accord conftant de deux genres d'opérations fi différentes, par les moyens qu'il indique, nous fembleroit d'abord l'avoir conduit au vrai but, puifqu'il touchoit prefque aux moyens les plus fimples d'étendre & perfectionner la méthode générale de mefurer les hauteurs à l'aide du Baromètre. Mais comme il négligeoit les variations occafionnées par la chaleur, peut-être faute d'avoir confervé ou plutôt multiplié fes Thermo-mètres, il n'eut garde d'employer alors, comme on l'a exécuté depuis proche Genève, les deux équations relatives à la dilatation tant du mercure que de l'air. Il eft vrai qu'on eft enfin convenu qu'il ne fuffifoit pas feulement de les employer, ni d'avoir fait ce feul pas en avant, puifqu'on fera déformais dans la néceffité d'admettre plus de deux équations pour l'effet de la chaleur : en effet, il y aura plufieurs corrections à faire, dont nous parlerons ici fuccinctement; & même on ne fauroit plus s'en difpenfer dans un temps où les inftrumens de Phyfique, ainfi que la méthode générale d'opérer, fe font trouvés fufceptibles de plus d'un genre de perfection. On a d'ail-leurs des preuves fuffifantes pour nous convaincre que, dans tous les climats, les effets de la dilatation de l'air ne font pas encore affez connus par la voie de l'expérience, & nos foibles connoiffances ne fe trouvent pas affez étendues, quant à ce qui regarde la zone torride, ainfi que les régions fituées au de-là du cercle polaire; mais aux zones tempérées, nous fommes du moins en état de repréfenter dans la recherche de la hauteur des montagnes, ainfi que dans le nivellement requis de la part des Baromètres uniquement, toutes les réductions phyfiques, quoique multipliées. Enfin, on a dreffé des Tables exactes, qui nous abrègent fingulièrement les longs calculs & le travail.

L'art de réduire les valeurs en tables, foit pour faciliter, foit pour éviter les erreurs des fréquens calculs, eft fort en ufage dans l'Aftronomie, comme auffi dans plufieurs parties de la Phyfique : je ne fais même pourquoi on s'en eft écarté

dans les conſtructions mécaniques des meilleurs Baromètres.
On s'y donne une double peine à y regarder avec des ſoins
particuliers & ſucceſſivement la hauteur du vif-argent dans le
haut du tube, & en même-temps dans la fiole adaptée au bas
de ce tube, là où il s'élève ou s'abaiſſe en ſens contraire. Ces
deux obſervations devenues néceſſaires & combinées, donnent
il eſt vrai la hauteur de la colonne de mercure; mais on conviendra qu'elles abſorbent, ou du moins, qu'elles partagent
également l'attention de l'Obſervateur. N'eſt-il donc pas plus
ſimple de meſurer d'abord, entre les mains du Conſtructeur,
tant le diamètre du tube, que celui d'une fiole cylindrique qui
contient le mercure ſtagnant, là où l'on plonge la partie inférieure de ce tube? Le niveau de celui-ci ne paroît qu'aux yeux
du vulgaire à une hauteur fixe & conſtante pour chaque jour ;
au lieu qu'on ſait aujourd'hui, en Phyſique, évaluer dans quel
rapport ce niveau doit varier, relativement aux diamètres
comparés tant du tube que de la fiole tranſparente & cylindrique. C'eſt donc là le cas d'en conſtruire une Table générale pour un même inſtrument; elle indiquera la correction
néceſſaire aux abaiſſemens ou aux hauteurs apparentes de la
colonne de mercure dans le tube, même lorſqu'on l'élèvera
ſur les plus hautes montagnes. Par-là on n'aura plus d'autres
ſoins dans la pratique, que de regarder uniquement la hauteur de la colonne ſupérieure; parce qu'on aura réglé une fois
pour toutes, la ligne de niveau dans la fiole cylindrique, &
que ce niveau eſt relatif à une hauteur déterminée & conſtante de la colonne du mercure.

Cette ſimplicité dans les opérations, m'a paru juſqu'ici plus
naturelle & préférable aux expédiens les plus ingénieux &
même uſités ailleurs, que quelques Phyſiciens ont voulu
ſubſtituer déjà à la méthode vulgaire. Je ſerois trop long ici,

s'il falloit entrer dans les détails des divers Baromètres por-
tatifs, tels que celui qui a été tranfporté cet été, à ma requête,
de Paris jufqu'à Rouen. Les obfervations correfpondantes comparées avec ce même étalon, pendant deux mois entiers &
aux mêmes heures le foir & le matin dans les deux villes,
n'auroient dû donner, felon les conclufions de ceux qui ad-
mettent le niveau abfolu des mers, qu'un tiers de ligne de
différence au Baromètre, pour la pente de la Seine jufqu'à
Rouen. Le reflux de la mer fait monter & defcendre l'eau de
la Seine alternativement en ce lieu : une nouvelle échelle placée
vers le milieu du pont y indique, par l'un de fes deux index
flottans, l'élévation ou l'abaiffement à l'égard des moyennes
eaux. Meffieurs de l'Académie de Rouen, ont obtenu déjà de
leurs Magiftrats & du Corps de Ville, ce nouvel établiffement,
pratiqué & mis en jeu cette année avec beaucoup d'induftrie.
En conféquence nous avons trouvé, M. Bouin, Chanoine
régulier, & moi, au lieu d'un tiers de ligne d'accroiffement
relativement à Paris dans la colonne de mercure, une différence
trois à quatre fois plus grande; d'où il s'enfuit, qu'on eft fondé 1^{li} ou $1\frac{li}{3}$
à cette heure à rétablir la pente de la Seine depuis Paris juf-
qu'à l'Océan, telle, à très-peu de chofe près, que nous l'ad-
mettions en Aftronomie d'après les obfervations anciennes de
M. Picard. Nous ne fommes donc plus indécis entre celles-là
& celles qu'on a faites tout récemment à Calais & à Boulogne.
Enfin, la théorie des réfractions aftronomiques peut s'appliquer
avec plus de fûreté à notre climat, pourvu que l'on parte
d'abord de celles qui concernent les régions fituées au bord de
la mer. Les canaux même qu'on fe propofe de multiplier dans
l'intérieur de ce royaume, participeront fans difficulté aux
fruits de ce nouveau travail, dont on va voir tous les détails
que nous nous propofons de rendre publics.

EXTRAIT des opérations faites à Paris & à Rouen, pour vérifier la pente de la Seine, à l'aide des Baromètres.

LE 26 Août 1780, dans une galerie proche mon Obfervatoire, les Thermomètres de Réaumur & de Farcinheit marquant à 9 heures du matin 19 degrés⅓ & 75 degrés, je remarquai que le Baromètre portatif indiquoit 27 pouces 11 lignes $\frac{115}{120}$ = 27,965 pouce, lorfque celui qui devoit refter au même lieu à Paris pour y fervir d'étalon, & dans la conftruction duquel le mercure avoit bouilli, marquoit 28 pouces 1,5 ligne.

Ce lieu eft élevé au-deffus du pavé fur lequel la Seine a débordé dans fes plus grandes crûes, en 1740, de 23 pieds précifément; mais la différence des plus grandes hauteurs & abaiffemens de la rivière de Seine étant 25 pieds¼, on aura l'élévation de la ftation dans ma galerie au-deffus des moyennes eaux de 35 pieds, 7 à 8 pouces, ou bien 5 toifes,9275 : il en faudra tenir compte ci-après, ainfi que de la différence de prefque 1,55 ligne ou de 0,128 pouce, dont le Baromètre ftationnaire, & où le mercure a bouilli dans le tube, furpaffoit celui que M. Cadet, qui voyageoit jufqu'au Havre, a bien voulu dépofer à Saint-Lo de Rouen.

On va voir préfentement la comparaifon de ces deux Baromètres; mais il faudra ajouter à celui fur lequel on a obfervé à Rouen 0,8 lignes, ou bien 0,096 de pouce, à caufe que la ftation dans la maifon de Saint-Lo donnoit le baromètre moins élevé que fur le quai qui avoifine le port : nous en avons fait plufieurs fois l'expérience, M. Bouin & moi, au mois d'Octobre dernier, & nous avons trouvé pareillement que notre ftation fur le quai étoit plus élevée que les moyennes eaux de la Seine, de 4 pieds 8 pouces = 0,78 toife, quantité à laquelle il faudra avoir égard à la fuite des comparaifons que nous allons faire fuccinctement de nos obfervations : il en doit être de même, comme nous l'avons dit, pour la ftation de Paris, ainfi que des autres réductions qu'il feroit néceffaire d'y ajouter, & qui conviennent à la dilatation du mercure & de l'air, puifqu'il n'eft plus permis de les négliger, comme on le pratiquoit autrefois. J'infifte fur ce dernier article, parce qu'on a voulu nous oppofer publiquement quelques Obfervations anciennes, qui, étant incertaines & équivoques, faute d'en connoître la chaleur aux divers inftans, ne doivent nullement affoiblir les nôtres. Voici d'abord les faits principaux.

	Baromètre.		Therm.	Réduites.	
	pouces	lignes	degrés	pouces	lignes
6 Sept. 1780, à 7ʰ ¼ mat....	28.	1,6...	57...	28.	0,05.
Mais à Rouen, à 7ʰ 5'.....	28.	0,75...	65...	28.	1,52.
Différence ou excès................				0.	1,47.
Le même jour, à 7ʰ ½ foir...	28.	0,1...	67...	27.	10,55.
A Rouen, à 8ʰ 5'.......	27.	11,9...	68...	28.	00,70.
Excès........................					2,15.
7 Septembre, à 7ʰ ½ matin...	27.	11,0...	63...	27.	09,45.
A Rouen, à 7ʰ 5'........	27.	10,2...	65...	27.	11,00.
Excès........................					1,55.
Au foir, à 7ʰ ½	27.	10,40...	70...	27.	08,85.
A Rouen, à 8ʰ 5'.......	27.	09,08...	68 ½.	27.	09,88.
Excès........................					1,03.
8 Septembre, à 7ʰ ½ matin...	27.	09,3...	65...	27.	07,75.
A Rouen, à 7ʰ 5'........	27.	07,5...	67 ½..	27.	08,30.
Excès........................					0,55.
Au foir, à 8ʰ	27.	09,40...	68...	27.	7,85.
A Rouen...............	27.	08,75...	69 ½...	27.	9,55.
Excès........................					1,70.

J'ai rappporté à deſſein ces premières Obſervations, pour
mettre à portée de juger combien peu nous devons nous fier
aux concluſions données dans les temps orageux. Les 7 & 8
Septembre, il y eut pluſieurs grains en forme d'orages, ce
qui introduit toujours en certains endroits d'une même région
de l'atmoſphère, une régénération d'air inévitable en pareil
cas, & qui dérange les obſervations ; les Aſtronomes s'aper-
çoivent très-bien que leur effet nuit aux réfractions aſtrono-
miques, & les Phyſiciens ne doivent plus s'attendre qu'à
une diſtribution inégale de cet effet : le temps le plus propre
aux obſervations, ſera donc celui où les vents généraux ſe réta-
bliſſent, ainſi que les retours des ſaiſons les moins inconſtantes.

On ne doit donc plus être ſurpris des différences qui ſe
trouvent aux obſervations ci-deſſus, du ſoir au matin, & au
contraire : nous avions commencé dès le 3 1 Août, lorſqu'il
faiſoit fort chaud, & avant les pluies, les comparaiſons de
nos Baromètres ; ce jour-là dans la matinée, le Baromètre fut
conſtamment à la même hauteur, ſans varier d'un dixième de
ligne à Paris, à l'hôtel de Clugni : ayant obſervé le mien à
8 heures ½ du matin, je trouvai qu'il marquoit 2 8 pouces
2,7 ligne, au lieu qu'à Rouen, la réduction faite, à cauſe de
la différence des Méridiens, à 7ʰ 5′ on a trouvé 2 8 pouces
1,54 ligne, & à 1 2ʰ 5′ on voyoit 2 8 pouces 1,65 ligne : les
Thermomètres marquoient aux heures déſignées du matin,
7 1 degrés ½ & 7 3 degrés. Réduiſant comme ci-deſſus, on aura

$$2 8_{po.} \quad 1,1 5^{lig.}$$
$$2 8. \quad 2,3 5.$$
$$\text{Excès} \dots \dots \dots \quad 1,2 0.$$

& le 1.ᵉʳ Septembre, à 7 heures du matin, l'excès 1,62 ligne.

Comparant ces obſervations faites ſur la fin de la canicule
à celles

à celles des 11 & 12 Octobre , & autres jours fuivans, faites dans une belle faifon ; on voit d'abord que dans les plus grandes chaleurs , le Baromètre tranfporté à Rouen, contenoit à peine dans le haut du tube ou prétendu vide , quelque foible quantité d'air raréfié qui s'y dilatoit. Étoit-ce là ce qui nous occafionnoit dans les chaleurs des différences un peu trop grandes ? l'Artifte ingénieur qui l'avoit conftruit avec le plus grand foin , s'étoit fans doute négligé fur un des articles des plus effentiels , n'ayant pas affez fait bouillir fon mercure dans le tube.

J'ai donc eu raifon d'infifter dans le Difcours hiftorique , fur la grande néceffité de n'employer à l'avenir que des Baromètres, où le mercure , après avoir paru bouillant dans les tubes , y ait été mieux dépouillé des bulles d'air : ne pouvant les difcerner dans tout autre cas , fans l'ébullition , elles fe trouveroient répandues dans la partie inférieure des tubes , n'y étant plus vifibles par l'effet de la denfité du mercure.

Quant à l'inégale dilatation de l'air au-deffus d'une région de quelqu'étendue , laquelle eft devenue fi remarquable aux temps des orages , on en voit d'abord une preuve pendant les douze heures écoulées depuis le 7 Septembre au foir jufqu'au 8 au matin ; car le Baromètre a defcendu à Rouen de plus d'une ligne & demie , lorfqu'au Nord-oueft de Paris, ou du jardin des Tuileries je n'ai aperçu dans mon Obfervatoire de différence que 1,1 ligne ; & que vers la partie du Sud-eft de la ville, à l'hôtel de Clugni, M. Meffier n'a guère trouvé que la moitié de cette différence ; fon Baromètre eft purgé d'air par l'ébullition du mercure, conformément à celui dont je me fers, & la colonne de mercure par cette raifon s'y élève auffi haut que dans les plus parfaits de nos Baromètres: or , fans que la chaleur ait augmenté ou diminué au Thermo-

c

mètre, le Baromètre y a paru defcendre de 0,6 lignes depuis 10 heures ½ du foir jufqu'à 6 heures ½ du matin.

Après les pluies du mois de Septembre, l'air s'étant fort rafraîchi, au commencement d'une automne qui s'annonçoit pluvieuſe, je comparai ici les obfervations correſpondantes faites dans les deux villes, & je les ai choifies dans la plus belle faifon qu'il m'a été poffible de faifir en Octobre.

	Baromètre.		Therm.	Réduites.	
	pouces	lignes	degrés	pouces	lignes
10 Octobre 1780, à 7ʰ mat..	27.	3,6....	57...	27.	2,05.
A Rouen, à 7ʰ 5'...	27.	1,67...	50...	27.	2,47.
Excès......................					0,42.
A midi...............	27.	4,4...	58...	27,	02,85.
A Rouen, à midi 5'....	27.	2,5...	56¾..	27.	03,30.
Excès......................					0,45.
11 Octobre, à 7ʰ matin...	27.	9,20...	54...	27.	07,65.
A Rouen, à 7ʰ 5'......	27.	8,33...	56...	27.	09,13.
Excès......................					1,48.
Même jour, à 7ʰ du foir...	27.	11,20...	56...	26.	09,75.
A Rouen, à 8ʰ 5'......	27.	10,17...	56...	27.	10,87.
Excès......................					1,12.
12 Octobre, à 7ʰ matin......	27.	11,0...	55...	27.	09,45.
A Rouen, à 7ʰ 5'......	27.	10,0...	55...	27.	10,80.
Excès......................					1,35.

Les obfervations des 11 & 12 Octobre font des plus exactes, & je dois avertir que la tempête avoit précédé celles des 9 & 10 du même mois; or, le 9 Octobre à Paris le Baromètre étoit fort abaiffé, ainfi qu'à Rouen, lorfqu'il y a marqué à midi & à 8 heures du foir, 27 pouces, plus, 2,55 & 2,8 lignes, le Thermomètre ayant auffi monté de 56 degrés ½ à 59 degrés ½, ou de 3 degrés jufqu'au foir; mais à Paris, à 8 heures du

foir, ce jour-là, j'ai trouvé le Baromètre à 27 pouces 4,3 lignes,
le Thermomètre étant à 57 degrés $\frac{1}{2}$: ces obfervations étant
réduites, on auroit

$$27^{po.}\ 02,75^{lig.}\ \text{à Paris};$$
$$27.\ \ 03,60\ \text{à Rouen};$$

avec un excès de 0,85 lignes feulement. Il faut remarquer
auffi, que la colonne du mercure fut pour ainfi dire ftationnaire ce jour-là au foir, n'ayant defcendu à l'hôtel de Clugni
que d'un dixième de ligne depuis midi jufqu'à 10 heures,
& qu'elle continua d'y defcendre de 0,9 ligne jufqu'à
7 heures $\frac{1}{2}$ du matin du jour fuivant; ce qui indique au moins
quelques uniformités, lefquelles ne difparoiffent pas, même dans
les excès ou différences des hauteurs obfervées dans les deux
villes : j'ai voulu rapporter tous ces faits, pour qu'on fe déter-
minât librement fur le choix de ces cinq derniers excès, qui
ne s'accordent pas au point de précifion dont on oferoit fe
flatter pour des diftances locales d'une ou deux lieues feulement ; la diftance de trente lieues ou environ entre nos deux
villes, rend les conclufions plus pénibles, & les opérations
plus compliquées, vu la trop grande étendue de la partie de
l'atmofphère, & qui avoifine d'un côté l'Océan : la quantité
des pluies proche les côtes maritimes, n'eft double de ce
que nous l'obfervons à Paris, que parce qu'il y a des vents
d'Oueft à la côte qui réfiftent au hâle, c'eft-à-dire au vent
naturel qui fouffle de la partie de l'Eft; ce qui refoule les
nuages ou les accumule vers ces mêmes côtes maritimes.

On obfervera donc feulement ici 1.° que la colonne de
mercure paroiffant en ces derniers jours de nos obfervations,
fe mouvoir alternativement en fens contraire, les excès ou
différences ont dû participer aux variations de ces effets alter-
natifs ; 2.° que les moyennes différences font bien moins

confidérables que celles qu'on a aperçues aux chaleurs de la
canicule; 3.° enfin, qu'il n'a pas été poffible d'admettre une
auffi petite pente à la Seine, que celle à laquelle on s'attendoit,
d'après les obfervations faites à Boulogne & à Calais, & qui
nous indiqueroient $\frac{3}{8}$ ou $\frac{1}{3}$ de ligne aux Baromètres, mais
qu'elle nous a paru d'abord, toutes corrections faites, environ
quatre fois plus grande.

Dans les queflions phyfiques, ainfi que dans tous les cas
que les Géomètres regardent comme fufceptibles d'approxi-
mations, on conviendra que les foins réitérés, ainfi que les
méthodes-pratiques qui fe perfectionnent autant que les inftrumens qu'on y emploie, ne nous éclairent abfolument, qu'autant
que les vérifications s'en trouveront multipliées. On ne doit
douter nullement que la queflion fur la pente de la Seine,
ne puiffe être encore foumife à un examen plus rigoureux, ni
qu'on n'ait pris quelques mefures en conféquence; mais les
difficultés croiffent lorfqu'on s'attend aux décifions les plus
précifes: j'aurois donc eu tort d'affirmer qu'entre Paris &
Rouen, la pente de la Seine eft indiquée par un accroiffement
d'une ligne $\frac{1}{3}$ au Baromètre, ainfi qu'on me l'a attribué indi-
rectement, fans faire aucune attention à ce qui a été publié
au fiècle précédent ou bien au commencement de celui-ci,
par des Obfervateurs qui n'ont eu égard ni aux degrés des
Thermomètres, ni aux divers effets des orages & des vents
d'Oueft, ces effets n'ayant qu'un rapport indirect à la chaleur.

Je vais donc donner ici en abrégé un exemple du calcul
pour les Obfervations des 11 & 12 Octobre 1780, fans avoir
égard à la dilatation du mercure, parce que le degré de chaleur
étoit le même: je me contenterai d'indiquer ici pour d'autres
cas, que la dilatation peut être cenfée la même pour les dix
premiers degrés, favoir depuis 32 degrés jufqu'à 42 degrés de

Fareinheit, ou pour chaque degré de 0,00333 ; qu'entre 42 degrés & 52 degrés, elle fera de 0,00328 ; & enfin qu'entre 52 degrés & 62 degrés, on ne doit plus l'admettre, félon la Table du Colonel Roy, que de 0,00323 * du pouce anglois : ces pouces font aux nôtres en même rapport que leurs pieds, favoir comme 1 eft à 1,06575. Quant à l'argument de la même équation, il eft vifible que ce ne peut plus être, comme on l'a établi en 1774 aux Tranfactions philofophiques, la fimple différence des deux états ou degrés de chaleur qu'a éprouvée la colonne de mercure aux deux ftations ; car on a obfervé depuis que pour un froid de 33 degrés au-deffous du terme de la glace, la condenfation paroiffoit de 11 $\frac{1}{3}$ centième de pouce ; mais puifqu'à compter de 32 degrés jufqu'à l'eau bouillante, dans une variation de 180 degrés au Thermomètre, le Colonel Roy a reconnu $\frac{52}{100}$, on auroit donc à proportion, fi le cas de l'uniformité avoit lieu, feulement 9 $\frac{1}{3}$ centièmes pour 33 degrés $\frac{1}{3}$ de dilatation au Thermomètre. Tout ceci eft relatif à la hauteur du mercure fixée d'abord à Londres de 30 pouces au Baromètre, car pour un pouce de plus ou de moins, on doit faire varier les équations d'un trentième.

Soient donc fuppofées nos Tables des logarithmes s'accorder au module de ceux qui repréfentent la dilatation de l'air, lorfque les Thermomètres de Réaumur & de Fareinheit s'élèvent à 11^d,25 ou 57^d,2, ou bien à ce dernier 25^d,2 au-deffus du terme de la glace ; j'ai trouvé les 11 & 12 Octobre au matin un même degré de chaleur moyenne, favoir 55 degrés, & la

---

* Selon les Expériences faites à Genève, on auroit quand le Baromètre eft à 28 pouces 1,8 ligne, ou bien o à 4 lignes au-deffus de fa moyenne hauteur au niveau de la mer, la dilatation du mercure 6 $\frac{1}{2}$ lignes qui répondent à 180 degrés du Thermomètre, & pour chaque degré on auroit 0,00293 pouce, ou de celui de Londres 0,00312 pouce.

différence des hauteurs du Baromètre 1,48 & 1,35 lignes , ou par un milieu, 1,415. Les Observations du soir indiquent un degré tout au plus d'accroissement dans la chaleur ; & il faut faire attention que le Baromètre n'a pas été observé à la même heure à Rouen comme à Paris , outre qu'il avoit tant soit peu monté depuis le 11 Octobre au matin , & baissé la nuit suivante en sens contraire ; d'où s'ensuivent quelques légères corrections inconnues pour ainsi dire , & à faire en ce cas à la différence ou à l'excès représenté ci-dessus. Quoi qu'il en soit , on va reprendre en considération les Observations du 11 Octobre au matin pour premier exemple.

poucet. lignes.   poucet.

Le logarithme de 27. 9,13 , ou de 27,7608 , sera 1,4434325
Celui de . . . . . . 27. 7,65 . . . . . . 27,6375 1,4414984
   Valeur approchée de la pente de la Seine. *(Toises)* 0019,341.

Retranchant , pour avoir des millièmes de toises , les trois dernières figures , comme cela s'est pratiqué , & notamment dans la Cordelière du Pérou.

Mais l'air étoit plus condensé ce jour-là , que si l'on eût éprouvé $57^d,2$ de chaleur au Thermomètre de Fareinheit : ainsi nous devons quelques corrections à la valeur approchée ci-dessus ; ce que nous pratiquons aujourd'hui en cette sorte.

Quand la chaleur indiquée par le Thermomètre est au-dessous de ce terme $57^d,2$, la correction sera soustractive : il faut aussi considérer que dans tous les cas , l'élasticité n'est plus la même , à cause que le poids de l'atmosphère varie , ce qui est indiqué par les hauteurs du Baromètre. Ainsi dans notre exemple, $2^d,2$ ne conviennent pas à une dilatation de l'air constante , d'autant qu'elle varie en même temps que le poids de la colonne d'air , ce qui doit agir sur son élasticité.

On verra par ce qui suit , que dans la suppofition que le Baromètre auroit été à 28 pouces 2,8 lignes, ou bien o à 4 lignes plus
haut que la hauteur moyenne, on auroit pour 2^d,2 de variation dans
la chaleur indiquée au Thermomètre, environ cinq millièmes
à retrancher de la hauteur approchée , ce qui la réduiroit
enfin à 19,195 toifes; mais les deux Baromètres de Rouen &
de Paris n'étant pas aux inftans des Obfervations à la même
hauteur au-deffus des moyennes eaux de la Seine , il faut encore
en retrancher 5,13 toifes pour la différence de hauteur , puifque
celui de Paris auroit paru plus élevé à la ftation ou terme des
moyennes eaux, qu'à la galerie proche mon Obfervatoire : on
auroit donc en dernier lieu 14^{toifes},065 pour la pente requife,   *14 toises*
felon les Obfervations & les données qu'on vient de foumettre
au calcul.

Les obfervations du 12 Octobre, qu'on pourroit propofer
pour deuxième exemple, indiqueroient la pente de la Seine
un peu moindre encore , & on pourroit prendre un milieu ,
comme nous l'avons propofé , après avoir recommencé le
calcul de ces dernières, du 12 Octobre.

On a fait beaucoup d'expériences depuis Amontons, c'eft-à-
dire depuis le commencement du fiècle, entre les forces élafti-
ques de l'air condenfé, refroidi & fucceffivement échauffé au-delà
de celui que nous refpirons dans les plus grandes chaleurs : on a
même publié tout récemment en Angleterre ce qui a été fait
avec le Manomètre perfectionné, & on a fait voir qu'au-deffus
de 50 degrés au Thermomètre de Fareinheit , lorfque l'air
commence à diffoudre l'eau réduite en vapeurs, l'élafticité
devient tant foit peu plus grande pour un air humide, que
relativement à un air fec.

Au refte , quoiqu'on eût trouvé à Genève la dilatation de
l'air , qui correfpond à chaque degré, tant foit peu plus petite,

nous l'admettrons felon les dernières expériences de $\frac{2.41}{1000.00}$ pour chaque degré de Fareinheit, quand la hauteur du Baromètre excède d'environ 4 lignes fa moyenne hauteur anciennement adoptée pour Paris, c'eft-à-dire quand il marque 30 pouces du pied de Londres, qui eft la hauteur du mercure, fur laquelle on y règle à 212 degrés le terme de l'eau bouillante au Thermomètre de Fareinheit.

Ce n'eft que depuis environ quarante ans, fuivant nos Mémoires de l'Académie de 1753, qu'on a travaillé fucceffivement à connoître la loi felon laquelle doit varier la fous-tangente de la courbe logarithmique analogue aux denfités de notre atmofphère. Après quantité d'expériences fuivies, & à l'aide des meilleurs inftrumens, il a été à la fin découvert, que dans l'état de chaleur marqué 57^d,2 au Thermomètre de Fareinheit, en fuppofant uniforme la denfité moyenne de l'air, entre les deux ftations, la fous-tangente de ce qui fe paffe dans l'état naturel, auroit alors les mêmes dimenfions que celle de nos Tables vulgaires des logarithmes ; en un mot, que ce *module* étoit le même, & que pareillement cette fous-tangente, ainfi que les ordonnées à une même courbe logarithmique, variable fuivant le chaud ou le froid, s'accroiffent ou diminuent pour chaque degré du Thermomètre, de $\frac{1}{414}$ parties, & non pas comme on l'adoptoit d'abord de $\frac{1}{478.5}$, ou bien de $\frac{2.09}{1000.00}$ de la toife ; ainfi, on en doit conclure que cette fous-tangente & fes multiples exprimant les corrections ordinaires relatives à la moyenne température de l'air, fera à autant de millièmes de la hauteur approchée en toifes, &c. pour une température quelconque au-deffus ou au-deffous de 57^d,2, dans le rapport de $\frac{2.415}{1000.000} \times n$, ou bien comme 414 + n eft à 414, là où n exprime le nombre des degrés du Thermomètre.

Or, d'après ces données, on formera, fi l'on veut, une Table générale pour l'ufage ordinaire, laquelle doit répondre aux quantités moyennes en degrés du chaud ou du froid obfervé pour chaque état du Baromètre, foit fur les hautes montagnes, foit au niveau de la mer.

ÉCLIPSE

ÉCLIPSE DU SOLEIL

AVEC OBSCURITÉ TOTALE,

Et Phénomènes physiques , relatifs à l'atmosphère lunaire ,
observés le 24 Juin 1778.

CETTE Éclipse a été vue, en Afrique, abfolument totale ;
ainfi qu'à la mer, par Don Antonio de Ulloa, Chef d'Efcadre,
commandant la flotte de la *Vera-crux* , à cent une lieues marines
environ, ou 101 ¾ du cap Saint-Vincent, & fous la latitude
de 37 degrés ¼ : Mais au Nord-oueft de l'Europe, on a vu , en
plufieurs lieux , le commencement & la fin ; au lieu qu'à Paris
& à Touloufe , &c, felon M.ʳˢ Garipuy , il n'a été poffible
d'y apercevoir que le commencement de cette Éclipfe, le temps
ayant été fort orageux en deçà des Pyrénées.

Les Obfervatoires de Gréenwich près de Londres , & de
Cadiz , nous ont auffi indiqué l'erreur des Tables & les
autres élémens néceffaires pour perfectionner la théorie de la
Lune : réduifant les commencemens obfervés , & pareillement
les fins de l'Éclipfe , au Méridien de Paris , en fuppofant les
différences en longitude de 9′ 16″, de 34′ 30″ & 3′ 35″, on
aura les phafes comme il fuit :

Gréenwich , $\begin{cases} 3^h 49' 28'' \\ 5. 34. 27\frac{1}{2} \end{cases}$ Cadiz , $\begin{cases} 3^h 53' 22''\frac{1}{2} \\ 6. 00. 55\frac{1}{2} \end{cases}$ Paris , $\quad 3^h 53' 18''.$ Touloufe, 3. 55. 59.

A

Don Vincent Tofiño a obfervé, d'ailleurs à Cadiz, la plus grande quantité de l'Éclipfe (laquelle n'a paru à Gréen-wich que de 6 doigts 9 minutes $\frac{1}{4}$) de 11 doigts & 6 minutes, ou plus exactement à 5^h 0' 11" de temps vrai, de 0^d 27' 11", dont le diamètre apparent du Soleil étoit de 3 1' 3 3" $\frac{1}{2}$.

Ceux qui ont conftruit de nouvelles Tables lunaires, qui les ont perfectionnées à l'aide de la Théorie d'Euler & des obfervations les plus exactes, publiées en France, n'ont pas abfolument réuffi à nous repréfenter tout-à-fait le vrai lieu de la Lune, puifque l'Almanach Nautique a donné le commence-ment de l'Éclipfe, 50 fecondes trop tard, & la fin encore plus tard de 1' 50" ou environ.

Cependant, Mayer prétend dans fa Préface, que la période de dix-huit ans, &c, ou *Saros*, appliquée à fes propres Tables, cadre merveilleufement avec les conjonctions antérieures, obfervées en Europe avec exactitude.

Or, l'Éclipfe de 1778 eft correfpondante à celles qu'on a vues en 1760 & 1724, & même on y pourroit joindre celle de 1706, & autres antérieures à celles de ce fiècle, comme il fera détaillé ci-après,

Au refte, les caufes phyfiques attribuées à l'atmofphère lunaire, ne fauroient jamais produire dans l'erreur des Tables que de légères différences ; mais il eft temps d'en fixer néanmoins les limites, fi les durées, tant de fois obfervées, de l'obfcurité totale, ainfi que la couronne lumineufe, fi fouvent aperçue dans ces Éclipfes extraordinaires, nous peuvent conduire à une connoiffance plus exacte des effets de l'atmofphère lunaire.

J'ajouterai cependant, que la conjecture propofée en 1715

par Mrs de Louville & Halley, fur l'inégale dènfité * de cette atmofphère, à caufe que la partie orientale de la Lune avoit été plus long-temps expofée aux rayons du Soleil que l'autre, qui en eft privée près de 29 à 30 jours, ou pendant un mois lunaire; que cette conjecture, dis-je, ne favorife pas ceux qui ont entrepris de fixer à 4 ou 5 fecondes, la quantité qu'ils ont prétendu défigner par l'effet des inflexions des rayons folaires.

Quoi qu'il en foit, nous ne tarderons pas à joindre ici, tout-à-l'heure, ce que Don Antonio de Ulloa a ajouté à ce que les Aftronomes, qui ont vu les Éclipfes totales de 1706, 1715 & 1724, ont rapporté, quant à la couronne lumineufe; les détails en ont paru fi intéreffans & tellement circonftanciés, que le Public ne fauroit trop tôt jouir des nouvelles connoiffances acquifes fur ce phénomène conftant dans ces fortes d'Éclipfes, & fi extraordinaire pour les Phyficiens.

---

* It was univerfally remarked, that when the laft part of the Sun remained on his Eaft fide, it grew very faint, and was eafily fupportable to the naked Eye, even through the Telefcope, for above a Minute of Time before the total Darknefs; whereas on the contrary, my Eye could not endure the Splendour of the emerging Beams in the Telefcope from the firft Moment. To this perhaps two Caufes concurred; the one, that the Pupil of the Eye did neceffarily dilate it felf during the Darknefs, which before had been much contracted by looking on the Sun. The other, that the Eaftern parts of the Moon, having been heated with a Day near as long as Thirty of ours, could not fail of having that part of its Atmofphere replete with Vapours, raifed by the fo long continued action of the Sun; and by confequence it was more denfe near the Moons Surface, and more capable of obftructing the Luftre of the Sun's Beams. Whereas at the fame time the Weftern Edge of the Moon had fuffered as long a Night, during which there might fall in Dews all the Vapours that were raifed in the preceeding long Day; and for that reafon, that part of its Atmofphere might be feen much more pure and tranfparent. But from whatever caufe it proceeded, the thing it felf was very manifeft and noted by every one.

Il y a encore quelques autres remarques intéreſſantes ſur les éclairs ou les prétendus volcans, auſſi-bien que ſur la rupture dans les chaînes des montagnes lunaires, que M. le Chevalier de Louville, ainſi que le Docteur Halley, & particulièrement Bianchini, quant à la circonférence du diſque, ont ſoigneuſement remarqués, ſans qu'on ait pu les vérifier pour la ſeconde fois, ou du moins, aſſez amplement, en 1724 ; voyons d'abord ce qui a été publié en 1715, ailleurs que dans nos Mémoires de l'Académie des Sciences, qui s'y accordent.

Il eſt dit au *n.° 343 des Tranſactions philoſophiques*, que deux minutes avant l'immerſion totale, en 1715, la partie éclairée, qui reſtoit du Soleil, étoit réduite à une corne très-mince, dont les extrémités ſembloient avoir perdu la fineſſe de leurs pointes aiguës, s'arrondiſſant comme des Étoiles, & qu'après un eſpace de temps d'un quart de minute, une petite partie de la corne méridionale de l'Éclipſe ſembloit ſéparée de tout le reſte, d'un bon intervalle ; formant une eſpèce d'Étoile oblongue, arrondie aux deux extrémités, ſous cette forme ⬭ , laquelle apparence n'a dû provenir d'autre cauſe que des inégalités de la ſurface lunaire, dont les parties les plus élevées ſont en effet près du pôle auſtral, & dont l'interpoſition a dû excéder en partie les moindres filets ou rayons de lumière ; qu'enfin, quelques ſecondes avant l'obſcurité totale, s'eſt manifeſté d'abord un anneau lumineux, tout autour de la Lune, d'environ un doigt ou un dixième du diamètre lunaire en largeur, ſavoir, d'une blancheur pâle ou plutôt couleur perlée, non ſans quelques couleurs foibles d'arc-en-ciel, le tout concentriquement à la Lune ; ce qui a formé un préjugé en faveur de ſon atmoſphère: conſidérant néanmoins la grande hauteur qu'auroit cette atmoſphère, qui ſurpaſſe de

beaucoup celle de notre terre ; y ajoutant auffi d'autres obfervations, où l'on a prétendu que l'épaiffeur de cet anneau s'accroif-
foit à l'oueft de la Lune, à mefure que le moment de l'émerfion s'approchoit ; Halley affure, qu'en voyant des opinions
contraires, il ne fe rappelle pas avoir donné affez d'attention
à ces fortes d'inégales épaiffeurs. D'autres, en 1724, ont
prétendu y avoir donné une attention très-fuivie, & que les
inégales épaiffeurs ou l'Excentricité de l'anneau, à l'égard de la
Lune, avoit lieu pendant l'obfcurité totale ; mais ils étoient
peut-être trop prévenus en faveur d'une autre atmofphère
lenticulaire, quoiqu'exceffivement grande, attribuée long-temps
auparavant au Soleil. Le Docteur Halley ajoutoit en 1715,
que l'anneau étoit plus brillant & plus blanc, proche la circonférence du difque de la Lune, qu'à une plus grande diftance,
& que la circonférence extrême de cet anneau, vague &
diffufe, n'étoit terminée que par une matière extrèmement
rare, dont elle eft compofée, & qu'à tous égards, elle reffembloit
à une atmofphère éclairée, vue de loin, &c ; que durant tout
le temps de l'obfcurité abfolue, il a conftamment fixé fon
télefcope fur la Lune, pour s'affurer de ce qu'il y avoit de plus
particulier à noter dans un cas auffi extraordinaire, & qu'il y
avoit aperçu un mouvement continuel de flammes étincelantes
ou certains jets de lumière, lefquels pour un moment dardoient
de la Lune de tous côtés, tantôt de l'une & tantôt de l'autre
part, mais plus particulièrement à la partie du Sud-oueft, un
peu avant le recouvrement de lumière ; & que 2 à 3 fecondes
avant que le Soleil ait lancé fes premiers rayons à ce même côté
du Sud-oueft, il avoit aperçu une longue trace & fort étroite
d'une lumière fombre, d'un fond rouge qui coloroit, en quelque
manière, le bord obfcur de la Lune ; ce qui s'évanouit, ainfi

que l'anneau ou couronne, dès l'inftant même que les premiers rayons du Soleil ont dardé tout-à-coup au recouvrement de lumière.

Avant que de rapporter les obfervations de 1778 , on ne fauroit fe difpenfer de mettre ici fous les yeux les durées de l'obfcurité totale, obfervées en 1706, à Arles, de 5 minutes, où elle a été vue plus long-temps & peut-être moins exactement, qu'à Montpellier & à Marfeille, où l'on n'y étoit pas auffi avancé dans la trace de l'ombre, puifqu'on n'a aperçu les durées que de 4′ 10″, & 3′ 0″ en ces deux dernières Villes.

En 1724, la durée n'a pu être plus longue, la Lune ayant alors 6f 20d ½ d'anomalie, étant d'un degré moins éloignée de fon paffage par le périgée; cette durée a été trouvée à Paris de 2′ 22″ ou 18″, & à Trianon de 2′ 17″ à 16″; elle ne fut pas totale à Orléans, mais inftantanée à Lumeau, petit village proche Artenai, felon M. le Chevalier de Louville, & fitué à 48d 7′ de latitude, & 0h 2′ 5″ à l'occident de Paris. A Montreuil *, dans le Boulonois, M. Villemareft a trouvé la durée de 56 à 58 fecondes de temps.

L'obfcurité totale en 1715, la Lune ayant 6f 12d ⅓ d'ano-malie moyenne, a été de 3′ 57″ dans la trace du centre; mais à Londres, qui étoit plus au Sud, M.rs Halley & de Louville en ont obfervé la durée, 3′ 23″ à 22″, & elle a été prefque nulle ou inftantanée à Cranbrook dans le comté de Kent; enfin, au nord à Darrington, fous la latitude de 53d 40′, & 4′ 40″ de temps à l'Oueft de Londres, elle n'étoit

---

* A Caen, le limite auftral fut au-deffus de l'abbaye Saint Étienne, l'Éclipfe y ayant été totale; on n'a pas vu en 1715 l'Éclipfe totale à Montreuil, puifque M. Villemareft n'y trouva que 11 doigts ½ pour la plus grande quantité de l'Éclipfe.

pas totale, mais instantanée à Barnsdale, 3 milles plus au Sud; ce qui, en négligeant les causes physiques, a fait conclure le diamètre de la Lune, de 33′27″.

Les Tables Newtoniennes donnent alors le diamètre de la Lune, de 33′55″; d'où l'on voit que les rayons du Soleil ont pu très-bien se rompre en traversant l'atmosphère lunaire, & accourcir ainsi l'espace qui a terminé, en 1715, sur l'Angleterre, la trace de l'ombre pendant l'Éclipse.

Aussi ai-je averti, en 1764*, que par les points d'immersions & d'émersions, lorsqu'une Éclipse est presque centrale; ainsi que par les durées observées & comparées avec les principaux points du disque, j'avois reconnu que les Éclipses totales avec demeure dans l'ombre, devoient avoir leur durée accourcie par l'effet de l'atmosphère lunaire, qui doit grossir pour lors, à notre égard, le Soleil en apparence au moment de la conjonction, & qu'au contraire, dans les Éclipses annulaires, la durée de l'anneau en devoit être prolongée.

Nous examinerons ci-après la durée de l'obscurité totale, vue par Don Antonio d'Ulloa, de 4 minutes d'heure, la Lune étant le 24 Juin 1778, à 6ˢ 13ᵈ¾ de son anomalie moyenne.

Cette durée, soigneusement observée, est d'autant plus importante, qu'elle nous éclaire encore davantage sur cet objet, que celle qui fut vue à la mer, le 9 Février 1766, à 34 degrés de latitude australe, dont la durée fut de 0ʰ 1′ 45″ seulement: la longitude du lieu étoit 41ᵈ 27′ à l'est du méridien de Paris, & j'en ai lû l'observation à l'Académie des Sciences, à la fin de 1767, aussitôt qu'elle m'a été communiquée par M. Daprès.

* Mémoires de l'Académie royale des Sciences, année 1764, page 154.

Après avoir rapporté les seules durées des Éclipses totales avec demeure, à chaque retour de 18, 54 & 72 ans, & ayant observé, assez régulièrement, l'ordre de la période ou demi-période lunaire; il convient du moins, pour la perfection de la théorie, de rassembler ici les plus anciennes observations qui s'y rapportent; puisqu'on pourroit remonter jusqu'au temps de Tycho, en 1598, & même au-delà, selon Képler qui a parlé, dans son Optique, de celle du 24 Janvier 1544 ; mais nous nous bornerons à celles qui ont été observées avec les lunettes d'approche, & *eclipses totales* nous commencerons par celle de 1652, au 8 Avril, que Bouillaud dans ses Manuscrits, ainsi que J. B. du Hamel, & d'autres conjointement avec M. Petit, Intendant des Fortifications, nous ont soigneusement conservées ; elle ne fut pas totale à Leyde, puisque dans l'observation que nous en avons, on ne vit que 11 degrés $\frac{1}{6}$ du Soleil éclipsé ; mais dans le nord de la Hollande, où se fit l'obscurité totale, il nous manque des Observateurs qui en auroient pu faire quelques notes : à Paris elle commença au collége de Navarre, à $9^h 29' 30''$ du matin, & il y eut $10^d 28'$ d'éclipsé : la fin fut observée à $11^h 50' \frac{1}{2}$ de temps vrai. Dans cette Éclipse, l'anomalie moyenne de la Lune étoit de $6^f 28^d \frac{2}{3}$ & $29^d \frac{3}{4}$; ainsi, le diamètre de la Lune surpassoit, cette fois-là, bien moins celui du Soleil, lequel étoit alors à peine éloigné de ses moyennes distances.

OBSERVATION

*OBSERVATION

DE

L'ÉCLIPSE DE SOLEIL TOTALE

AVEC DEMEURE

ET

COURONNE BLANCHE ANNULAIRE,

Faite le 24 Juin 1778 , fur le vaiffeau l'Efpagne , commandant l'efcadre de la nouvelle Efpagne , en faifant le trajet des îles Tercères , vers le cap Saint-Vincent.

Par Don ANTONIO DE ULLOA , Chef d'Efcadre & Commandant général de la même Flotte.

ON aura appris , par les Nouvelles publiques , que je fuis rentré dans ce Port , le 29 Juin , avec la flotte de la nouvelle Efpagne, fous mon commandement. Le trajet dans mon retour, qui a été long, mais très-heureux, m'a été favorable pour obferver en mer l'éclipfe de Soleil , accompagnée d'un phénomène très-particulier, que j'ai vu pour la première fois , & que peu d'Aftronomes ont obfervé jufqu'à préfent ; c'eft l'anneau lumineux autour du difque de la Lune ; phénomène des plus frappans & des plus beaux à la vue. En voici la defcription :

Le mouvement du Vaiffeau ne permit pas d'obferver le commencement de l'Éclipfe , par la difficulté de conferver le corps folaire, & une partie de celui de la Lune, dans le champ de la lunette ; l'objet m'échappoit à tout moment, & je ne le

---

* Mémoire adreffé à M. le Monnier , & qui a été lû à l'Académie royale des Sciences , le 5 Août de la même année.

B

rattrapois qu'après bien des recherches : outre cela, les bras se fatiguoient à soutenir en l'air la lunette & le verre obscur, qu'on ne pouvoit appuyer, parce qu'il falloit faire avec la lunette un mouvement contraire à celui du Vaisseau. Je n'avois d'autre calcul que celui de la *Connoissance des Temps*, que je ne trouvois pas de la dernière précision, soit qu'il se trouve quelque erreur dans ce calcul, soit que la longitude estimée du lieu où le Vaisseau se trouvoit, ne fût pas la véritable : je trouvois une différence assez sensible sur l'heure indiquée pour son commencement. La Totale obscurité du disque du Soleil, à 3^h 44′; le commencement de l'émersion à 3^h 48′; la fin de l'Éclipse à 4^h 48′, & par conséquent le milieu devoit être à 3^h 46′ ou environ : la durée de l'Éclipse totale du Soleil fut de 4 minutes, intervalle suffisant pour observer l'anneau qui se forma autour de la Lune.

Cinq ou six secondes après que l'immersion eut été faite, on commença à découvrir, autour de la Lune, un cercle de lumière très-brillant, qui sembloit avoir un mouvement rapide circulaire, semblable à celui d'un artifice embrasé, mis en jeu sur son centre : cette lumière devint plus vive & plus éblouissante à mesure que le centre de la Lune approchoit de celui du Soleil ; & dans le temps que l'Éclipse fut à son milieu, elle étoit large de deux doigts du diamètre de la Lune, ou comme la sixième partie dudit diamètre. De ce cercle lumineux partoient des rayons de lumière de toute sa circonférence, perceptibles jusqu'à la distance d'un diamètre de la Lune, tantôt plus, tantôt moins, ce qui me fit penser que c'étoit des parties de lumière plus foibles qui s'imprimoient dans une atmosphère plus subtile que celle où étoit formé l'anneau. Lorsque les centres des deux Planètes commencèrent à s'écarter, la diminution commença & fe fit graduellement dans le même ordre qui s'étoit obfervé dans fon commencement & fes progrès; elles difparurent entièrement 4 ou 5 fecondes avant l'émerfion. La couleur de la lumière n'étoit pas la même par-tout; la partie immédiate au difque de la Lune étoit couleur rougeâtre, enfuite, elle tiroit fur le jaune-pâle, & depuis le milieu jufqu'à l'extrémité extérieure, cette couleur jaune s'éclaircifſoit infenfiblement jufqu'à tirer enfin tout-à-fait fur le blanc; elle étoit également brillante par-tout, & fon mouvement de tourbillon, commun à toutes fes parties, paroiſſoit changer la forme & la pofition des rayons, en les préfentant à la vue, tantôt plus courts, tantôt plus longs, fans cependant occafionner de changement dans les couleurs de l'anneau, & leur arrangement, qui reſtoit le même que je viens de détailler.

Quatre ou cinq fecondes avant de voir paroître l'anneau brillant, & autant après fa fuppreffion, l'on vit, comme à l'entrée de la nuit, les Étoiles de la première & de la deuxième grandeur; mais étant dans fon brillant, on ne voyoit que celles de la première grandeur; l'obfcurité fut au point que des perfonnes qui dormoient, & qui s'éveillèrent, crurent, à leur grand étonnement, avoir dormi toute la foirée, & ne s'être éveillées qu'affez avant dans la nuit. Les poules, les oifeaux & les autres animaux, prirent leur pofition ordinaire pour dormir, comme fi ç'eût été la nuit.

Avant que le bord du difque du Soleil, parût par celui de la Lune, on découvrit, près de celle-ci, un très-petit point de celui du Soleil, imperceptible à la vue; mais l'ayant diftingué, par le fecours de la lunette, je l'eftimai d'abord de la grandeur d'une Étoile de la quatrième claffe, & enfuite, il me parut augmenter jufqu'à la grandeur de celles de la troifième; fa première apparition , c'eſt-à-dire , avant que le bord du Soleil parût par celui de la Lune , fut de la durée d'environ une minute & un quart : le cercle lumineux ſubſiſtoit encore, quoique déjà affoibli.

La couleur rougeâtre de l'anneau, proche du diſque de la Lune, jaunâtre comme couleur d'or vers le milieu, jaune-clair & très-affoibli vers ſa partie extérieure, ſa circonférence égale, & les rayons qui partent de cet anneau , à la diſtance dite ci-deſſus, perſuadent que le tout eſt l'effet de l'atmoſphère de la Lune, laquelle eſt de matière différente de celle de la Terre; plus tranſparente, plus nette, plus égale & plus propre à réfléchir les rayons de lumière que celle-ci ; autrement, l'anneau n'auroit pas été également clair, brillant & coloré dans la circonférence entière du diſque de la Lune : on ne peut pas dire que cet anneau lumineux ſoit l'effet des rayons du Soleil, réfléchis ſur l'atmoſphère de la Terre , puiſque le diamètre apparent du Soleil eſt plus petit que celui de la Lune , dont le diſque cachoit entièrement à nos regards & dans la Trace du globe terreſtre, celui du Soleil; d'ailleurs, ſi c'étoit ſur l'atmo-ſphère de la Terre que le cercle lumineux s'eſt formé, ce cercle auroit été ſemblable, dans ſes couleurs, à l'arc-en-ciel, & il auroit paru fixe, ſans mouvement; au lieu que celui qui a été aperçu, eſt le même qu'on diſtingue dans le Soleil, en le regardant directement avec la ſimple vue, ſur l'horizon, peu après ſon lever ou un peu avant ſon coucher, en ſorte qu'on peut conclure que ce cercle lumineux provient des rayons du diſque du Soleil, vus par réfraction ſur l'atmoſphère de la Lune.

Le point du diſque du Soleil , vu avant que ſon limbe eût commencé à paroître par celui de la Lune, eſt un phéno-mène très-particulier & dont je n'avois pas connoiſſance : pour prévenir les doutes qui peuvent s'élever , je dois dire que nous étions trois perfonnes à obferver l'Éclipfe , Mrs Don Joachin de Aranda , Capitaine de frégate de l'armée , & Pilote-majeur de la flotte ; Don P. Vintuifen , Lieutenant de vaiffeau , & Major de ladite flotte ; & moi. M. de Aranda , en regardant l'Éclipfe vers la fin de la totale obfcurité , avec fa lunette de deux pieds , fut celui qui l'aperçut le premier : il me dit , ne fachant ce que c'étoit , que la totale obfcurité étoit près de finir , parce qu'il voyoit un petit point du Soleil fur le bord de la Lune , femblable à une Étoile , je regardai d'abord avec la vue & je n'aperçus rien : je tirai une lorgnette de la poche , & je n'en vis pas davantage ; enfin , je pris ma lunette de deux pieds & demi , avec laquelle je découvris effectivement un point rouge & lumineux , très-proche du bord de la Lune , qui ne me laiffa aucun doute que ce ne fût du corps du Soleil : je l'eftimai pour lors comme une Étoile de la troifième grandeur , & je préfume que lorfque M. de Aranda la découvrit , elle pouvoit paroître comme une Étoile de la quatrième grandeur :   ce point grandit fucceffivement , & lorfqu'il pouvoit être jugé comme une Étoile de la deuxième grandeur , le bord du Soleil parut par celui de la Lune : l'intervalle qu'il y eut entre la première vifion de ce point & le commencement de l'émerfion , fut d'une minute & un quart ; cette apparition du Soleil , avant le commencement de l'émerfion , ne peut avoir eu lieu qu'à travers de quelque fente ou inégalité qui fe trouveroit , fur le limbe de la Lune , imperceptible lors du pléni-Lune , à caufe des rayons réfléchis qui fe croifent & confondent cette ouverture ; au lieu que dans le temps de l'Éclipfe , le corps de la Lune fe trouvant entièrement obfcurci , la lumière du Soleil fe trouve par-derrière ,

& perce, fans confufion, par les plus petites ouvertures du difque de cet aftre.

Le temps qui s'eft écoulé depuis la première apparition du corps du Soleil, par l'ouverture du limbe de la Lune, jufqu'à l'apparition du limbe du Soleil, par celui de la Lune, fervira à déterminer la profondeur de ladite fente, ouverture ou inégalité qui eft égale à la hauteur des éminences qui la forment.

Ledit point lumineux étoit à la partie du Nord-oueft du difque de la Lune, un peu plus au Nord de l'endroit de fon limbe, par où fe fit voir celui du Soleil, au commencement de l'émerfion, & il eft à remarquer qu'on n'aperçut pas d'autre point lumineux dans le difque de la Lune que celui-là; ainfi, cette ouverture eft unique dans la partie du difque par où devoit commencer l'émerfion, & on peut affurer, que dans la quatrième partie de la circonférence de la Lune, il n'y a pas dans fon limbe, depuis le Nord jufqu'à l'Oueft, d'autres fentes perceptibles, que celle qui fut obfervée. Il n'y a point de doute que le point lumineux qui parut à travers l'ouverture, ne fût le corps du Soleil; cela eft démontré par la couleur de feu très-rouge, la même qui fe voit quand on regarde cet aftre à travers d'un verre obfcurci & par la gradation qui eut lieu dans fon accroiffement, à mefure que le limbe du Soleil approchoit de celui de la Lune : enfin, par la couleur du Soleil, qui, lorfqu'il déborda, fut la même que celle qui s'étoit vue à travers de l'ouverture.

Il me refte à dire que le 24 Juin, jour que je fis cette obfervation, à bord du vaiffeau l'*Efpagne*, commandant l'efcadre de la flotte de *Vera-crux*, ce Vaiffeau étoit par 37ᵈ 14′ de latitude feptentrionale, obfervée le même jour; que depuis le midi il avoit fait route à l'Eft directement; que depuis la fin de l'Éclipse jusqu'à être Nord-Sud avec le cap Saint-Vincent, il a navigué à l'Est, trois cents un milles maritimes, qui font cent lieues un tiers maritimes de vingt au degré; reste à savoir la différence de Méridien entre ledit cap * & les différens Observatoires des villes capitales de l'Europe, pour déterminer l'endroit à la mer où l'observation fut faite, par rapport auxdits Observatoires.

Les taches du Soleil furent vues très-distinctement avant & après l'Éclipse; elles étoient au nombre de six, deux à la partie de l'Est du disque, peu distantes l'une de l'autre; deux vers le milieu du disque, aussi assez près l'une de l'autre; & deux enfin vers la partie du Nord, un peu vers Nord-ouest.

La hauteur corrigée du centre du Soleil sur l'horizon, prise au moment que l'Éclipse finit, étoit 36ᵈ 31′. L'atmosphère étoit très-net, & l'air de l'Ouest-nord-ouest de moyenne force: on ne voyoit aucun nuage, comme cela arrive souvent en mer; ce ne fut que vers les six heures qu'il s'en forma quelques-uns sur l'horizon.

L'anneau lumineux me fit une impression si agréable, tant par la beauté & l'éclat de sa couleur, que par son mouvement circulaire, uniforme & rapide, que je ne pus ni compter les Étoiles visibles dans chaque intervalle, depuis la totale obscurité jusqu'à la fin, ni faire d'autres observations sur la couleur & la vivacité de leur lumière: je m'attachai uniquement à l'anneau,

* Par une Lettre postérieure, Don Antonio de Ulloa a voulu faire servir à la correction des Cartes marines, l'observation qu'il a faite de cette Éclipse; mais il auroit fallu savoir mieux l'heure, avant que d'employer cette observation à la recherche de la longitude du cap Saint-Vincent: le Neptune oriental donne la latitude du cap Saint-Vincent 37ᵈ 2′, mais il avertit que la longitude de ce Cap est placée sur la Carte un peu trop à l'Ouest; retranchant un demi-degré, on auroit donc 11ᵈ 10 à 15 minutes, pour la longitude de ce Cap, à l'Ouest de Paris; M. Pingré l'admet 11ᵈ22′.

& enfuite au point lumineux du *Soleil*, au travers du difque de la Lune ; ce raviffement produifit le même effet fur ceux qui obfervoient avec moi.

Il n'eft pas facile de faire en mer des obfervations céleftes, avec autant de précifion & de délicateffe qu'on les fait à terre, à caufe du mouvement du Vaiffeau & de la gêne à fe fervir des inftrumens : il auroit été difficile, encore qu'on eût été pourvu d'un micromètre, de mefurer la largeur de l'anneau pour examiner s'il étoit égal par-tout ; comme auffi la diftance du point lumineux, vu fur le difque de la Lune jufqu'à fon limbe : j'ai bien du regret de n'avoir pu faire ces obfervations, qui auroient été d'un grand avantage pour la phyfique des Aftres.

Fin des Obfervations envoyées par D. Antonio de Ulloa.

COMME la hauteur obfervée du Soleil, à la fin de l'Éclipfe, m'avoit paru défectueufe, & qu'elle ne pouvoit être adoptée de $36^d 31'$ *(Voyez page précédente)* ni même 10 degrés plus petite, j'effayai d'abord le calcul pour $27^d 31'$, ce qui me donnoit l'heure $4^h 49' 26''$; au lieu de $4^h 48'$ qu'on trouve ci-devant, *page 10*, comme étant affignée par les Efpagnols pour le moment de la fin de l'Éclipfe ; les éclairciffemens que j'ai demandés à ce fujet, m'ont occafionné une réponfe de Cadiz, dont je vais donner ici l'extrait.

« J'ai confulté le Pilote-majeur de la flotte (Don Joachin de
» Aranda) qui fe trouve aux environs d'ici, fur la hauteur des
» deux Aftres, lorfque l'Éclipfe finit, & fur la différence énorme,
» &c : c'étoit lui qui obferva cette hauteur, & s'il y avoit eu
» équivoque entr'eux, la donnant de $36^d 31'$, au lieu de $26^d 31'$,
» & comme celle-ci feroit trop petite devant être de $27^d 47' 39''$,
» je ne doute pas qu'elle n'ait été prife avec peu d'exactitude,
» nonobftant que lui & les autres Pilotes étoient placés au-deffus
de moi,

de moi, fur la dunette, où ils entendoient très-bien ce que je «
leur difois, de la prendre au moment précis que l'Éclipfe fini- «
roit, &c. Je viens de recevoir, dans ce moment, l'éclairciffe- «
ment que je demandois à M. d'Aranda, & voici ce qu'il me «
dit des notes qui font fur fon Journal : «

Hauteur horizontale à.... 4ʰ 3′.... 3 5ᵈ 43′ 0″   «
Fin de l'Éclipfe à....... 4. 48..... 26. 42. 2 ou 20″. «

ces hauteurs ne font pas conformes, tant l'une que l'autre, à ce «
qui me fut donné dans le temps de l'obfervation, &c. »

À Cadiz, le 14 Décembre 1778.

Dans une autre lettre antérieure, du 6 Octobre de la même
année, en réponfe à celle où je demandois quelques autres éclairciffemens fur les phénomènes obfervés, M. de Ulloa ajoute,

« Il n'eft pas aifé de déterminer en degrés & décimales de
degrés les points où l'immerfion totale & l'émerfion fe font «
faites au difque de la Lune, il auroit fallu pour cela avoir été «
prévenu, au lieu que je fus fort furpris de voir l'Éclipfe totale, «
ne m'y attendant pas ; & c'eft par cette raifon qu'on a marqué «
à peu-près, par les aires de vent de la bouffole, l'endroit où «
s'eft fait le commencement & la fin de l'Éclipfe. *Voyez les* «
Figures ci-jointes. «

Effectivement, lors de la totale immerfion, le limbe du Soleil «
a paru s'agrandir un peu par un retardement qu'il eut à la «
totale occultation, que j'ai eftimée de 10 à 12 fecondes, &c. «
quant à la durée de l'obfcurité, je l'ai déterminée de 4 minutes «
d'heure, avec ma montre à fecondes, ainfi que par deux autres, «
qui ne donnoient pas les fecondes, nous étant trouvés tous «
trois d'accord en obfervant cette Éclipfe. «

J'aurois fouhaité que vous m'euffiez détaillé les circonftances «
de l'ouverture que Bianchini découvrit dans la Lune, à caufe «
que je n'ai pas cet Auteur, &c. »

C

Ce genre d'ouverture ou gorge de montagnes a été vu à Rome le 16 Août 1725 , environ une heure & demie après le coucher du Soleil; quelques rayons rouges ayant pénétré dans le fond noir & obfcur de la tache appelée par Hévélius, le *grand Lac Noir*, & par les Italiens, *Plato*: le milieu de cette tache étoit en ce moment fur les confins de la lumière & de l'ombre, qui féparent les deux hémifphères de la Lune.

Or il eft vifible qu'elle eft fort différente de celle qui a été vue fur la Lune, avant l'émerfion des rayons du Soleil, lors de l'obfcurité totale, favoir, prefque au moment qu'elle finiffoit, le 24 Juin 1778 : il ne fut pas à la vérité poffible de mefurer à la mer la diftance du point *A* au bord du difque; mais par le temps écoulé, évalué à plus d'une minute, ci-deffus, *page 12*, & à l'aide de la figure, il eft facile d'en déterminer la pofition, comme auffi de reconnoître, en confultant les monts Hyper-borées d'Hévélius, que cette ouverture ou gorge n'étoit pas la même que celle qui a été aperçue par Bianchini en 1725.

La grande denfité de l'atmofphère lunaire doit avoir auffi contribué aux apparences de ces phénomènes finguliers & fi extraordinaires, & la réfraction horizontale lunaire des rayons du Soleil peut très-bien y influer. Nous avons fans doute de grandes difficultés à vaincre pour connoître la denfité de l'at-mofphère lunaire , qui ne fera décidée que par un examen fuivi & très-long de la durée des occultations d'Étoiles , ainfi que du petit nombre qui a été recueilli jufqu'à ce jour, des Éclipfes totales & annulaires du Soleil; mais auparavant, nous devons, par analogie, en raifonner par ce qui fe paffe dans l'atmofphère terreftre.

On trouve au *chapitre 10* de l'Hydrodinamique de M. Ber-noulli, publiée en 1738, toute la théorie qu'on a fuivie depuis avec tant de fuccès à Genève & à Londres , fur les denfités de l'air & fur fes différens degrés d'élafticité, ce qui a donné les corrections, tant defirées, qu'il avoit fallu faire aux diverfes hauteurs du mercure dans le baromètre.

L'Auteur infifte, *page 218*, fur la denfité de l'air aux Pôles, qu'il conjecture à jufte titre y devoir être dix fois au moins plus denfe qu'à l'Équateur, favoir au niveau de la mer & à la furface terreftre.

On va voir ici une preuve nouvelle de cette denfité, par l'effet des grandes réfractions aperçues fur la fin du XVI.ᵉ fiècle par les Hollandois, fous la latitude de 76 degrés, à la nouvelle Zemble.

L'abfence de trois mois prefque entiers du Soleil, dont les rayons ne pénétroient plus cette partie de l'atmofphère terreftre qui répondoit dans la zone glaciale au Nord de la zone tempérée, a dû fans doute y occafionner le défaut d'une élafticité, fi néceffaire pour raréfier l'air, & lui occafionner une denfité d'autant moins grande, qu'on fait en général que l'air eft très-facile à s'échauffer & à être mis en mouvement.

DE LA RÉFRACTION HORIZONTALE
DU SOLEIL,

Vue à la nouvelle Zemble sur la fin du XVIe Siècle, &
de la néceffité d'appliquer les grandes Réfractions en
longitude, négligées par les Navigateurs, à la recherche
du lieu de la Lune & de la Longitude géographique.

Nous n'avons commencé à approfondir & à bien entendre
la fcience des Réfractions des rayons du Soleil dans l'atmofphère, que depuis qu'on a créé, pour ainfi dire, une Phyfique
nouvelle : Pafcal & Newton font les premiers qui ont fu conf-
tater les faits, qui forment aujourd'hui la bafe de nos recherches
fur la pefanteur de l'air, ainfi que les vrais principes de la
fcience de la Vifion ou de l'Optique. Il n'a pas fallu moins
d'un fiècle depuis les premières découvertes, pour y arriver &
pour rectifier nos idées fur les effets de la réfraction.

Il y a bientôt foixante ans qu'on connoît la Table des Réfractions de Newton, publiée en 1721 par le Docteur Halley, &
déjà les célèbres Géomètres, Jacques Bernoulli & Brook Tailor,
avoient indiqué la folution générale du Problème qu'il falloit
réfoudre, pour tracer la courbure des rayons de lumière qui
nous parviennent, foit des environs de l'horizon, foit de
l'horizon même.

On vit alors avec étonnement pour la première fois, qu'à
ces moindres hauteurs, l'accroiffement de la réfraction pour
chaque degré & demi-degré d'élévation aux levers ou couchers
des Aftres, étoit double de ce qui avoit été admis jufqu'alors;
il fallut donc dès ce moment, ceffer de fuppofer l'atmofphère

uniformément denfe, & c'eft ce que Pafcal avoit introduit long-temps auparavant, en attribuant, à l'aide de la colonne de mercure & fur le Pui-de-dôme en Auvergne, aux différentes couches de l'air que nous refpirons, les degrés de condenfations dont il étoit fufceptible.

On voit par-là que les réfractions extraordinaires, vues à la nouvelle Zemble les 24 & 27 Janvier 1597, par les Navigateurs Hollandois, ne pouvoient guère s'expliquer dans le fiècle précédent, c'eft-à-dire depuis que Képler eut publié fes Commentaires fur l'Optique & fur Vitellion, Alhazen, &c; cet Aftronome ne doutoit nullement de la fidélité de la relation publiée, ni des foins infatigables que les Navigateurs hollandois avoient apportés à leurs obfervations, faites à la nouvelle Zemble.

Mais pour mieux expliquer un fait auffi extraordinaire, il lui falloit recourir à d'autres loix qu'à celles qu'il adoptoit du rapport conftant des finus, ou plutôt des fécantes des angles d'incidences aux fécantes des angles de réfractions, dans une atmofphère uniformément denfe; enfin un fiècle après, comme on le peut voir dans nos Mémoires de 1700, on n'étoit guère plus avancé dans l'application des principes de l'Optique à l'effet des réfractions, & cela immédiatement après que le Roi de Suède, Charles XI, eut envoyé deux Mathémaciens au cercle Polaire pour y obferver le Soleil à minuit, par l'effet de la réfraction. Nous avons vu d'ailleurs que les obfervations de ceux-ci fe trouvèrent un peu défectueufes: la latitude du lieu étoit 11 minutes trop petite, ainfi que je l'ai vérifié en 1737, & à caufe de la hauteur du fol de 3 minutes; le bord inférieur du Soleil entamoit l'horizon le $\frac{10}{20}$ Juin 1695 à minuit, ce qui donneroit 55 à 50 minutes pour la réfraction horizontale: or, je l'ai trouvée plus petite en pareille faifon, c'eft-à-dire, au commencement de l'été, dans ce même climat où l'air

environnant n'eſt pas alors à beaucoup près condenſé comme
en hiver.

En 1736, à la fin de l'automne, étant occupé en Lapponie
à meſurer la baſe de nos triangles, & cela préciſément dans le
temps du ſolſtice d'hiver, j'étois dans le cas de regretter beaucoup mon Obſervatoire ordinaire, ou celui de Pello *(a)*, pour y
meſurer la hauteur du Soleil à l'inſtant du midi, & aux approches de l'horizon ; j'avois déjà déterminé au ſolſtice d'été précédent la réfraction horizontale du Soleil, de 3 5 ½ minutes dans
les plus grands abaiſſemens de cet Aſtre, ſous le Pôle du côté
du Nord ; mais, comme je l'ai dit, la partie inférieure de l'atmoſphère ne devoit pas être en cette ſaiſon d'été, à beaucoup
près, condenſée comme en hiver : elle ne l'étoit pas même
après les premiers froids, puiſque le 30 Novembre il dégeloit,
& que le 1.er Décembre de la même année, le bord ſupérieur
du Soleil à 10h 8′ ⅓ du matin, étant élevé de 30 minutes ſur
l'horizon, je ne trouvois qu'une réfraction médiocre par un
vent de Sud, & après que la mer du golfe eut remonté ſur
les glaces, ſavoir, 30′ 48″, laquelle réduite à la réfraction horizontale, ſurpaſſoit à peine 39 minutes. D'ailleurs aux 5 & 7
Janvier, à mon retour, aux temps des plus grands froids, lorſ-
que j'aperçus le Soleil déjà remonté d'un degré au moment du
midi, la partie baſſe de l'atmoſphère qui étoit inégalement &
trop peu de temps condenſée, ſe trouvoit déjà dilatée à midi
malgré le froid le plus vif ; & à la vérité la hauteur de 2d 24′ ½
du 7 Janvier, m'avoit indiqué d'un jour à l'autre un excès
d'une minute dans la réfraction, occaſionnée à mêmes hauteurs
par l'augmentation du froid, qui fut ce jour-là, le plus grand
que nous ayons reſſenti de tout l'hiver.

_____

(a) Il ſeroit à ſouhaiter que les Mathématiciens Suédois fiſſent en hiver de
nouvelles obſervations à Pello.

Il est donc vrai de dire qu'en hiver la réfraction n'est guère plus grande sous le Cercle polaire, qu'elle ne nous paroît ici en France, & cela, à cause de la présence du Soleil & d'un courant d'air qui s'élève avec le Soleil, venant du Sud-est, du Sud & du Sud-ouest, & qui l'accompagne pour quelques heures; mais il doit y avoir bien de la différence dans la condensation de l'air, & par conséquent dans la réfraction horizontale, lorsqu'on pénétrera plus avant dans la Zone glaciale (b). Nous admettons cette réfraction horizontale sous la Ligne, au bord de la mer, de 28 minutes; à Paris, de 33 à 34 minutes, & il est important de savoir qu'à 76 degrés, elle a dû s'accroître considérablement à la nouvelle Zemble : les Navigateurs hollandois y furent privés, pendant près de trois mois, de la présence du Soleil, quoique l'effet de la réfraction leur eût fait reparoître cet Astre dès le 24 Janvier, quatorze à dix-sept jours plus tôt qu'ils ne s'attendoient à le revoir, aux environs de midi; ils étoient alors sur le rivage de la mer, & leur horizon étoit libre. Comment se peut-il faire qu'ils aient vu le Soleil par l'effet d'une réfraction qui surpassoit alors $4^d 50'$? Comment cette réfraction a-t-elle pu diminuer ensuite au retour du Soleil, & même bien auparavant, de quelques minutes, lorsque le 27 Janvier, ils en aperçurent le disque entier à l'issue de leur loge, bâtie sur un sol à peine autant élevé que le mât de leur vaisseau?

Képler & Varenius n'ont jamais douté de l'effet extraordinaire de ces réfractions à la nouvelle Zemble, mais il leur est cependant resté quelques difficultés à vaincre pour concilier la réfraction horizontale ordinaire, d'environ un demi-degré avec

_____

(b) Le plus grand froid à Torneå fut de 34 degrés $\frac{2}{7}$, toutes corrections faites; & en Sibérie, on l'a trouvé d'environ 70 degrés du thermomètre de Réaumur.

les 4 degrés $\frac{1}{2}$ & plus , qu'il falloit attribuer à la réfraction
vue par les Hollandois, qui furent forcés d'hiverner dans un
climat où ils éprouvèrent les froids les plus exceffifs.

L'un & l'autre ont fuppofé d'abord, dans leurs écrits, l'air
condenfé uniformément; mais Képler n'étant pas fatisfait de
cette fuppofition , quelque vraie qu'elle ait pû paroître, femble
incliner à vouloir expliquer le phénomène, en adoptant deux
milieux réfringens & très-inégaux en denfité : il ajoute que le
continent de Tartarie, qui eft limitrophe & au fud de la nouvelle Zemble, eft également froid, très-exhauffé, & affujetti à
de fortes gelées & même extraordinaires, relativement à ce qui
fe paffe aux Ifles occidentales que la mer environne; que le
climat, dis-je, préfentoit au Sud une atmofphère fort élevée &
très-denfe, que les rayons du Soleil ont dû traverfer comme
par une vafte & longue épaiffeur. Képler ne fe doutoit pas
affurément que la même réfraction avoit lieu du côté du Nord,
comme dans le Sud de la ftation des Hollandois à la nouvelle
Zemble : enfin on n'avoit garde de lui objecter cette réponfe
décifive, puifqu'on ne fe doutoit feulement pas que les grandes
réfractions y avoient été obfervées du côté du Nord, & c'eft
ce que je vais faire voir ici.

Le hafard m'avoit déjà conduit à cette remarque importante à mon retour de Lapponie, lors qu'examinant plus fcru-
puleufement les réfractions, vues aux approches de l'horizon
au Cercle polaire, & que nous avions déjà publiées, je recon-
nus à la fin que celles-ci fe manifeftoient tant foit peu plus
grandes qu'en France. Ayant auffi recherché par la conjonction
de la Lune à Jupiter, vue à la nouvelle Zemble le 25 Janvier
1597, à fix heures du matin, la longitude géographique du
port de la Glace, à deffein de rectifier celle que les Hollandois
avoient

avoient établie, en comparant le lieu de la Lune obfervé, où
fa conjonction à Jupiter avec les Éphémérides dreffées pour
le Méridien de Vénife ; je trouvois d'abord que cette conjonction avoit dû paroître fe faire au-deffous du Pôle, à une Aire
de vent du vrai Nord, vers l'Eft ; mais que ces deux Aftres
devoient être alors invifibles fous la latitude de 76 degrés, &
fort abaiffés fous l'horizon. Il s'enfuivoit donc de-là que les
Navigateurs hollandois n'avoient pu obferver cette conjonction
de la Lune à Jupiter, cette dernière Planète étant alors 2^d 24^f
ou 2^d 25$'$ fous l'horizon.

  Mais s'ils ont fuivi, comme ils l'affurent, ces deux Aftres
qui s'approchoient l'un de l'autre, jufqu'à ce que l'un des deux
leur ait paru immédiatement en conjonction ou à-plomb fur le
plus abaiffé, il faut donc admettre, pour ne point perdre de
vue ces deux Aftres, qui dans nos principes de la fphère,
devoient être déjà couchés, & même, comme je l'ai dit,
plongés fort avant fous l'horizon du côté du Nord ; il faut,
dis-je, admettre une réfraction fort extraordinaire d'environ
4 degrés ; d'où il s'enfuit que fi Képler & Varenius avoient
eu le moindre foupçon d'un pareil effet, & qui fe préfentoit
fi naturellement du côté du Nord, ils auroient fans doute
cherché à approfondir davantage leurs recherches, ainfi que
l'ébauche de leurs théories : ils vouloient déjà malgré leur phyfique naiffante & imparfaite, tirer des apparences du Soleil
quelques conclufions, & par deux à trois obfervations faites, aux
moindres degrés de hauteur, de l'effet de la réfraction & de fa
quantité apparente, en déduire la hauteur de notre atmofphère.
Ça donc été leur incertitude dans l'examen qu'ils firent de
l'apparence du Soleil, vu à midi en Janvier & dans le Sud
de la nouvelle Zemble, qui a fufpendu nos progrès en ce genre, &
qui a jeté dans l'embarras les Mathématiciens, dont les conclufions

D

fur ces faits ont paru trop imparfaites dans le fiècle qui les a fuivis ; enfin il n'eft pas décidé que cela foit incompatible avec les obfervations de la pefanteur de l'air ; on a même donné des explications phyfiques très-naturelles, pour que le mercure fe foutienne au bord de la mer précifément à même hauteur aux zones torrides & glaciales, comme aux zones tempérées.

Il y a quelques mois que j'ai produit à nos Affemblées, les preuves les plus convaincantes que la réfraction horizontale diminuoit à la nouvelle Zemble, à mefure que les Hollandois virent remonter le Soleil, & qu'en Février elle n'étoit plus que d'un degré, &c ; mais toujours un peu plus grande que lorfqu'ils perdirent cet Aftre de vue, à midi, les premiers jours du mois de Novembre de l'année 1596 qui précédoit. Après ce qui vient d'être établi, il n'eft que trop vifible que le retour du Soleil dilatoit dans le Sud la partie baffe de l'atmofphère, ce qui étoit facile à reconnoître d'ailleurs à notre ftation du Nord du golfe de Bothnie, où je trouve que les amplitudes du Soleil nous ont donné, au printemps, le déplacement auquel je m'attendois dans le vertical apparent du Soleil, relativement à fa diftance angulaire à l'horizon, à l'égard du vrai Nord. Les 24 & 25 Mai 1737, la hauteur au coucher du Soleil, ne fut eftimée qu'à très-peu de fecondes de temps près, parce que les quarts-de-cercle fervoient à mefurer les arcs d'amplitudes, & qu'on les encaiffa tout de fuite aux approches de notre retour en France : mais le 2 Juin le bord fupérieur du Soleil paffa derrière la montagne de Niwa, que nous avions vu de la flèche de Torneâ, élevé de 3 minutes fur l'horizon ; & ayant encore reparu de l'autre côté de ladite montagne, il difparut entre $11^h 2$ & $3'$ du foir. Soit le lieu du Soleil corrigé, felon mes Tables, en cet inftant π $12^d 12' 42'' \frac{1}{2}$, & fa déclinaifon feptentrionale $22^d 17' 12''$; la réfraction horizontale

qui convient à cette hauteur excède à peine celle que nous
obfervons ici l'été, en France, & la même chofe fe remarque
encore le 24 Mai au foir, lorfque le Soleil s'eft couché entièrement vu du même lieu, qui étoit le plus élevé de l'île de
Suentzar, à 10ʰ 10' de temps apparent. Enfin l'azimut du Soleil,
le 2 Juin au foir, à l'inftant de l'obfervation, devoit être en
effet de 2 degrés ⅙ moins grand que celui qui convenoit au
véritable coucher du même bord, à compter du Nord, de
13ᵈ 17', de manière qu'il m'a été facile depuis ce temps-là
d'en déduire la réfraction 42' 30", par la méthode que j'ai
propofée en 1766, dans nos Volumes de l'Académie, favoir,
par les couchers & levers de l'étoile de la Lyre, qu'on voit
ici proche Paris avec le télefcope, jufque dans l'horizon,
quand l'air y eft pur, ce qui eft fort rare d'ailleurs.

DIGRESSION fuccincte concernant les effets de la réfraction fur la Longitude des Aftres obfervés aux approches de l'horizon.

ON a publié en ces derniers temps quelques Ouvrages fous
le titre de *Guide des Navigateurs*, concernant la fcience des
Longitudes par la Lune, mais ces collections de règles-pratiques
ne fauroient guère être complètes à tous égards, & c'eft aux
Aftronomes à indiquer fucceffivement & à diverfes occafions
ce qu'il faut y ajouter, & même c'eft à eux d'avertir des erreurs
inévitables & fingulières, qui pourroient être quelquefois de
la plus dangereufe conféquence.

Quand la Lune rencontre quelque groffe Étoile ou bien
quelque Planète aux approches de l'horizon, c'eft alors,
comme on en a averti dans les Ouvrages élémentaires, qu'on
s'aperçoit bien mieux de la grande diverfité d'afpects ou des
effets conftans de la parallaxe, laquelle prolonge la Lune vers

D ij

l'Orient à fon lever, & tout au contraire à l'Occident la fait paroître moins avancée en longitude. Pourquoi donc dans les Livres-pratiques, n'a-t-on pas averti, puifqu'il s'agit d'y fervir de guide aux Navigateurs, d'autres erreurs confidérables dans le fens oppofé à l'effet des parallaxes? cela ne doit-il pas altérer la longitude apparente de la Lune, puifque vulgairement on fait, quant aux hauteurs des Aftres, que la parallaxe & la réfrac-tion agiffent dans des fens oppofés? Or, la Lune s'approchant de l'horizon, peut très-bien paroître en conjonction avec Vénus, Mercure, & même avec Jupiter, qu'il eft encore facile d'aper-cevoir à ces moindres hauteurs.

Plus le Navigateur s'éloignera de l'Équateur en s'approchant des Pôles, plus l'erreur caufée par l'effet de la réfraction s'accroîtra & fera dangereufe; elle a été exceffive à la nouvelle Zemble, & cependant il ne manque que des exemples, ou bien l'application de principes affez fûrs pour y avoir égard : je me crois du moins obligé d'avertir ici qu'il n'a pas toujours été néceffaire d'hiverner à la nouvelle Zemble ni dans les Zones glaciales, pour fe croire hors d'atteinte des erreurs caufées par l'effet des réfractions horizontales en longitude. Ainfi on courroit rifque, en les négligeant, d'affigner la lon-gitude du Vaiffeau d'une manière défectueufe & mal calculée, foit dans les conjonctions de la Lune aux Planètes, foit dans les diftances obfervées de la Lune au Soleil levant ou couchant, quand même les obfervations des diftances feroient exactes; telles qu'il les faut admettre en effet, de la part de tout ce qui peut être relatif aux foins qu'on exige du Navigateur, lorfqu'il agit avec prudence & avec les autres précautions ufitées & déjà connues.

Dans l'examen qui fe fit à la nouvelle Zemble, de la lon-gitude géographique du lieu où les Hollandois hivernèrent,

ils n'eurent aucun égard, comme l'auroit pu faire Képler, à la
parallaxe de longitude de la Lune : ils se contentèrent de conclure, à l'aide des Éphémérides, qu'ils étoient 5 heures à
l'orient du Méridien de Venise. Nous employons bien aujour-
d'hui la même méthode, mais avec plus de précautions ; & il
faut convenir aussi que la conjonction de la Lune à Jupiter
leur ouvrit ce jour-là des facilités pour y réussir : ils ne se contentèrent pas non plus de tracer seulement sur leur Carte les
routes de navigation jusqu'au cap de la Glace, telles qu'on
l'aperçoit dans les Recueils de Linschoten, ils dûrent comparer
sans doute leur estime avec les Observations célestes. Au reste,
j'ai d'abord corrigé leur longitude par l'erreur des Tables lunaires, comme aussi par l'effet de la parallaxe.

Ensuite j'ai remarqué que la réfraction agissant en sens
contraires à l'effet de la parallaxe, n'étoit plus négligeable en
pareilles circonstances. Je donnerois ici le calcul absolu de leurs
Observations, s'il étoit facile de bien entendre ce qu'ils disent.....
qu'ils attendirent jusqu'à ce que la Lune & Jupiter se tinrent
droits l'un sur l'autre, tous deux au signe du Taureau, & ce à
six heures du matin, &c.

Il sembleroit en effet, par leur Discours historique, que
la Lune & Jupiter parurent alors dans une même ligne à-
plomb ou cercle vertical, & non pas Jupiter dans la ligne des
cornes du disque lunaire ; car c'est ce dernier cas qui devoit
en effet indiquer leur conjonction apparente : Képler, leur
contemporain, auroit peut-être pu les faire expliquer plus net-
tement à ce sujet par ses Correspondans en Hollande, lorsqu'il
travailloit en 1605 sur cette matière ; mais au défaut de cet
éclaircissement, nous sommes restés dans le cas de deux opinions
diverses. Or, adoptant d'abord la première, voici le calcul qui
y a rapport.

Le lieu de la Lune étant calculé & corrigé pour 13ʰ 4′ de temps moyen au Méridien de Paris, ce qui répond à 18ʰ 17′ de temps vrai sous celui de la Loge des Hollandois, l'angle parallactique étoit de 17ᵈ ⅓, & la parallaxe de la Lune a dû diminuer son lieu apparent en longitude de 16′ 5″, & de 52 minutes en latitude ; d'où l'on pourroit conclure qu'en ce moment la Lune devoit être en effet 68 minutes ou 1 degré ⅛ sous l'horizon : semblablement Jupiter devoit être , selon les Observations de Tycho, corrigées & réduites, 1ᵈ 17′ plus avant sous l'horizon que la Lune, c'est-à-dire à 92ᵈ 24′ ⅔ du Zénith.

Quelle réfraction est-il permis d'assigner en ce moment à ces deux Astres, dans une saison où l'air étoit plus condensé à la surface qu'il ne l'a été au 8 Février, lorsque le Soleil s'est fait voir au lever, ou qu'il a paru se coucher à 22 degrés ½ de distance azimutale à l'égard du vrai Sud ? Assurément le Soleil ne devoit pas encore se montrer sur l'horizon le 8 Février, étant à l'instant du midi 0ᵈ 48′ sous ce même horizon : mais puisque la réfraction, déduite de l'azimut, l'a élevé de 1ᵈ 52′ ½ ce jour-là, la densité de l'atmosphère étoit déjà diminuée ; & ce n'est pas-là les grandes réfractions de Janvier qu'il nous faut employer pour l'instant de la conjonction observée.

On étoit, avant les Observations faites au Pérou, dans une opinion généralement reçue, que plus on s'élève sur les montagnes, plus les réfractions horizontales diminuent. En vain a-t-on voulu alléguer le contraire, puisque les pesanteurs spéci-fiques de l'air & du mercure n'annonçoient plus dans l'atmo-sphère une densité uniforme ; mais il est encore très-certain qu'avant les Observations intéressantes faites sous l'horizon, publiées par M. Bouguer, les grandes réfractions, considérées par Jacques Bernoulli, Tailor, & par Newton même, devoient être plus fortes sous l'horizon que dans l'horizon apparent, &

c'eſt-là le cas de nos Pilotes Hollandois , qui furent en effet
frappés d'étonnement par les trois diverſes apparitions du diſque
du Soleil , vu à midi avant le 8 Février , & qui nous indiquent
ſucceſſivement des réfraƈtions plus grandes que les réfraƈtions
horizontales , étant toutes depuis le 24 Janvier décroiſſantes.
Il falloit donc qu'en Janvier l'air fût condenſé dans cette Zone
glaciale bien au-delà de ce que nous l'avons éprouvé juſqu'ici
aux plus grands froids du nord de la Zone tempérée.

La réfraƈtion que la Lune & Jupiter éprouvèrent lors de leur
conjonƈtion , étant inégale , Jupiter a dû , par cette raiſon ,
s'approcher davantage du diſque lunaire , ſans ſortir pour cela
d'un même vertical : mais comment aſſigner ici la réfraƈtion qui
convient à ces deux Aſtres , bien moins abaiſſés aſſurément à
l'égard de l'horizon , que n'avoit été le même jour le diſque du
Soleil à midi , lorſqu'il devoit éprouver , toutes choſes ſuppoſées
d'ailleurs égales , une réfraƈtion beaucoup plus grande ?

L'azimut auquel la conjonƈtion apparente a dû répondre,
étoit , à ce qu'il ſemble , ſur le cadran de plomb orienté au
vrai midi , dans un vertical du Nord vers l'Eſt d'un cadre ,
ſelon leur langage , c'eſt-à-dire de 11 degrés $\frac{1}{4}$.

Par deux calculs différens , l'un fait pour 5^h 50′ du matin,
temps vrai , & l'autre pour 6^h 10′ , on trouvera , en ſuppoſant
que les Hollandois aient vu la Lune haute de 2 degrés , que
l'effet réuni & adopté de 180 minutes de la réfraƈtion moins
la parallaxe , auroit avancé la Lune en longitude de 40 minutes $\frac{1}{2}$
dans le premier cas , & dans le ſecond cas de 55 minutes au
moins. Pour décider auquel des deux cas on doit donner la
préférence , le Pôle de l'écliptique étant dans le premier cas à
13^d 4′ du Zénith , & à 17^d 49′ dans le ſecond cas , il faut
conſulter l'azimut obſervé : or la Lune n'auroit paru éloignée
du Méridien du côté du Nord que de 4^d 28′, ſi l'on eût

fuppofé 5^h $50'$ du matin ; mais en adoptant 6^h $10'$, on trouve
10 degrés & 4 minutes, ou environ.

Il eſt donc viſible qu'il étoit alors près de 6 heures $\frac{1}{3}$ du
matin , & que nous ne nous ſommes pas beaucoup éloignés
du vrai dans les ſuppoſitions faites ci-deſſus, *page 30* , la
longitude géographique de la nouvelle Zemble étant , il eſt
vrai, adoptée ici de 86^d $5'$ à l'égard du Méridien de Paris.
Je vais donc donner quelques détails relatifs au ſecond calcul :
à 6^h $10'$ de temps vrai à la nouvelle Zemble , dans la ſuppoſition que la Lune abaiſſée par la parallaxe horizontale de
54 minutes $\frac{3}{4}$ & fort élevée par un effet contraire , qui eſt celui
de la réfraction , auroit paru élevée de 2 degrés ſur l'horizon.

Il ſuffit pour cet effet de conſidérer un triangle dont la Lune
& le Zénith du lieu , ainſi que le Pôle de l'écliptique , ter-
minent les trois côtés : on connoît, $1.^o$ la diſtance au Zénith
de la Lune , ſavoir 88 degrés ; on connoît en ſecond lieu l'angle
au Pôle de l'écliptique , corrigé par une règle de fauſſe poſition , lequel a pour meſure l'arc compris entre le nonagéſime
& la longitude apparente de la Lune , & qu'on a admis de
93^d $52'$; enfin on connoît la hauteur du nonagéſime, ou l'arc
de diſtance du Pôle de l'écliptique au Zénith ; ce qui doit
donner, en réſolvant le triangle, l'angle apparent à la Lune
de 17^d $45'$, comme il a été averti ci-deſſus.

Cet angle, comparé dans ce qu'il nous faut ſubſtituer ici à
ce qui repréſente les triangles parallactiques ordinaires, l'hypo-
thénuſe étant 3 degrés ou 180 minutes pour l'effet des réfractions & parallaxe, nous fait enfin découvrir la correction en
longitude, additive à celle de la Lune, de 55 minutes; & les
Tables donnant la vraie longitude au même inſtant, ou bien
à 12^h $38'$ $52''$, temps moyen au Méridien de Paris, ♉ 2^d
$23'$ $50''$, on auroit en ce cas la longitude apparente ♉ 3^d $18'$
$50''$ à

50″; la latitude donnée par les Tables 2ᵈ 59′, doit être auſſi affectée de 2ᵈ 51′ ½; & comme la latitude étoit boréale, il y auroit donc eu, ſelon notre ſuppoſition alors, 5ᵈ 50′ ½ de latitude apparente.

Quant à Jupiter, étant au-deſſous de la Lune & dans un même vertical, avec une réfraction beaucoup plus grande que celle de la Lune, il eſt viſible que ſon équation en longitude doit être augmentée de ¼ de minute, ſi la réfraction qu'il éprouvoit étoit, ſelon la théorie, de 4 degrés ⅓ préciſément : l'angle à la Lune, au triangle ſphérique ci-deſſus, étant de 17ᵈ 49′, nous pouvons adopter 17 degrés ¼ pour Jupiter, & l'effet de la réfraction l'auroit avancé en longitude de 75 minutes au moins. Or la longitude rectifiée ſur les Obſervations qu'en faiſoit alors Tycho-Brahé étant ♉ 2ᵈ 21′ ½, la longitude apparente, vue à la nouvelle Zemble, auroit donc été ♉ 3ᵈ 36′ ½; ce qui prouve ſi l'erreur des Tables eſt nulle, que la Lune étoit preſque en conjonction apparente avec Jupiter, & que la correction unique & ordinaire de la parallaxe en longitude, ſans avoir égard à la réfraction, pouvoit très-bien nuire en ce cas ſingulier; car c'eſt le haſard qui a fait les compenſations & qui favoriſoit le calcul ébauché & les concluſions données par les Hollandois dans leur longitude géographique.

On trouvera dans les Mémoires de l'Académie des Sciences de 1778 & 1779, plus de détails relativement à la longitude géographique de la nouvelle Zemble; comme auſſi la phaſe de l'éclipſe du Soleil, vue en Afrique, ſous un climat où l'air étant moins chargé, ou bien plus raréfié qu'à la mer, nous laiſſe quelques ſoupçons qu'on y a pu apercevoir l'effet de l'atmoſphère ſolaire, indépendamment de celle de la Lune : celle-ci s'eſt manifeſtée viſiblement aux Obſervateurs des ſtations maritimes &

E

terreſtres , où l'Éclipſe totale a été obſervée avec demeure dans l'ombre.

Quant à la règle de Mariotte , M. Bouguer s'étoit expliqué plus clairement dans ſes Eſſais d'Optique , ſur la valeur de la ſoutangente logarithmique de l'atmoſphère terreſtre , puiſqu'il n'avoit d'abord trouvé que 3911 toiſes par les Obſervations faites en Provence , au Mont - Clairet , mais enſuite dans la Cordelière du Pérou, 4197 toiſes , ce qui lui avoit paru pour lors approcher tellement de la ſoutangente de nos Tables vulgaires logarithmiques , laquelle eſt de 4342,948 (en retranchant les trois dernières figures) qu'on peut bien lui attribuer la plus grande part quant à l'invention de la règle générale que nous ſuivons ſtriɛtement aujourd'hui à Paris & à Londres , dans la recherche des hauteurs de nos montagnes , à l'aide du baromètre. Il avoit corrigé déjà la hauteur du Pic de Ténériffe, qu'il faiſoit moins élevé que par la meſure géométrique du P. Feuillée, & c'eſt ce qui vient d'être confirmé tout récemment par le voyage de M. le Chevalier de Borda , lequel y a comparé avec plus de ſoin les deux méthodes géométriques & phyſiques.

F I N.

Fig. 1.

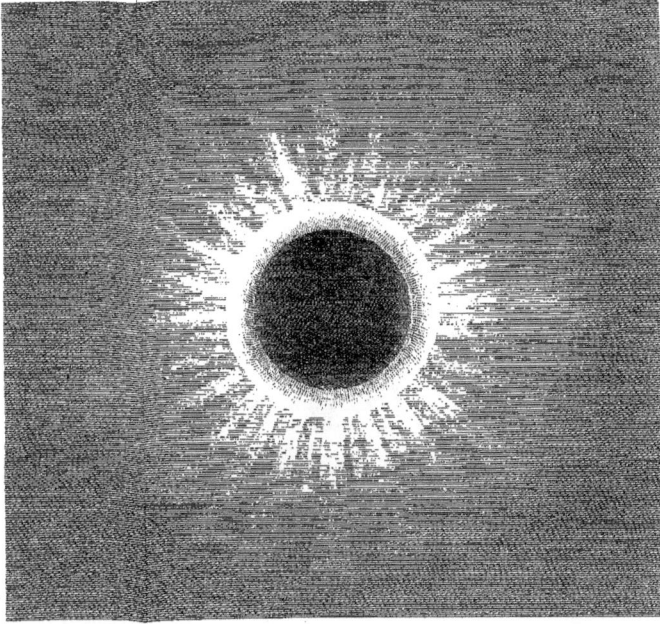

Fig. 2.

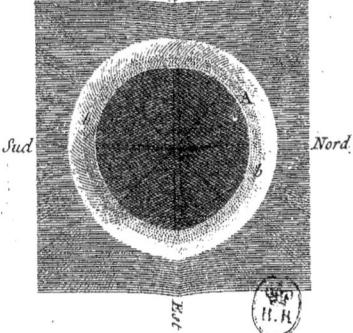

Ouest

Sud   *Nord*

Est

Fig. 3.

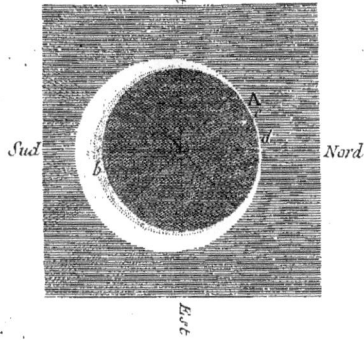

Ouest

Sud   *Nord*

Est

Y. le Gouaz Sc.

www.ingramcontent.com/pod-product-compliance
Lightning Source LLC
Chambersburg PA
CBHW070816210326
41520CB00011B/1977